當代中國
科技創造

叢書主編 李炳銀

徐劍　著

# 吉祥天路：

## 青藏鐵路修築奇跡

開明書店

# 目　錄

引子

第一張進藏列車票 / 6

第一章　朝辭京城秋風起

睿眸一覽喜馬拉雅之小 / 14

北戴河，有一位老人掐指算青藏鐵路造價 / 18

世紀元年中國大手筆 / 22

第二章　冷山萬重多凍土

青藏高原上的最後一位理想主義者 / 34

慕生忠，踏勘青藏鐵路第一人 / 41

空山雖冷情未冷 / 53

祭山祭父祭心 / 62

風火山凍不僵的如焰激情 / 70

第三章　**極地極限**

唯一個案，出師未捷身先死 / 84

死神之翼掠過唐嶺 / 92

馬背院士吳天一 / 96

背着氧氣進隧道 / 110

並非奇聞：感冒也會死人 / 118

生命屏障就這樣築起了 / 121


第四章　**可可西里無人區**

現代孟姜女尋夫上崑崙 / 132

一家人的雪域與一條吉祥天路 / 142

問鼎崑崙一儒將 / 157


第五章　**走過唐古拉**

最後三根火柴 / 170

愛巢築在嶺南無人區 / 176

父愛如山，堪與唐古拉比高 / 181

唐嶺長夜中的平民英雄群雕 / 191

唐古拉之南「空降 101」 / 197


第六章　吉祥天路

莽蕩無語一金城 / 208

風火山上一壯士 / 214

人類奇跡，吉祥天路零死亡 / 224


第七章　　西藏，人類最後的公園

天上之湖水藍藍 / 236

玉珠峰下神靈緣 / 245

動物天堂的生物鏈 / 254


終　章　古城、高城、淨城、聖城

# 引子

## 第一張進藏列車票

我正向蒼莽青藏的終點站——日光城拉薩駛去。

不過,此刻我不是坐在駛向西藏的第一趟列車上,而是在走向聖城的青藏鐵路的文學之旅上。

北緯30度,這片人類最後的祕境,這塊只屬於太陽與月亮山神的雪域邊地,總是有許許多多無法破譯的地理之謎、風情之謎、宗教之謎、歷史之謎。走向青藏,其實就是冥冥之中走近一種宗教,一份虔誠,一個境界,一片誘惑,一段前塵。

我一直被這種前塵的緣定誘惑着,今夜依然如此。我沒有覺得自己身在京城,而是沐浴在萬里寒山的冷月裏。

這是一種宿命,一種屬於西藏的歷史宿命。

記得2002年9月13日,我就是在與今晚一樣的秋風明月之夜,手執一張列車票、一張中國作家協會與鐵道部聯袂發給我的書寫國家重點工程的通行證,登上了西行的列車,從北京的零公里出發,開始了歷時四載的青藏鐵路的採訪與寫作。也是從這一天起,我感情的觸點、耕耘的犁鏵,就一刻也沒有離開這片蒼茫雪域。從9月

13 日進入採訪，一直到 10 月中旬從拉薩回到北京，我將手中採訪的素材暫時擱了下來，因為青藏鐵路從破土動工到全線鋪通，需歷時四載，到正式運營，則需六載，我只有等待，唯有等待，在一種遙望青藏、仰望崑崙、仰望唐古拉的等待中，等待青藏鐵路所有的參與者創造出一部與巍巍崑崙一樣雄渾和悲壯的大作，然後，再用古老的方塊字將其記載下來，刻成碑碣般的文字，鑲嵌在地球隆起的城牆之上。

就在遠遠仰望的等待中，我彷彿過着一種雲上的日子，四年之間，寫的都是關於西藏的天書。

我本可以轉身離去，但我還是留了下來，為自己，為魂丟在了那裏的莽蕩芄野，為一個永遠無法了結的西藏情緣，更為了青藏鐵路那些不為人知的普普通通勞動者，歷時數月莽原寫作，終於走出無人區，在一個夏夜最後殺青。沒有任何刻意，採訪的時間與寫作終止的時間竟如此契合，僅僅是因為我前定的西藏宿命。

人世間有許多事情是無法理喻的，可是唯獨在西藏這片土地上，就可以找到注腳，可以用前塵的約定來詮釋。

20 世紀 90 年代的第一個夏天，我隨西藏自治區第一書記陰法唐第一次去西藏，由青藏公路入藏，從格爾木出發的日子是 1990 年 7 月 19 日早晨 5 點半，我作為替代祕書，就與陰法唐中將和夫人李國柱同坐一輛車，穿越極地。十四年後的 2004 年 9 月 30 日，我獨自一人在格爾木採訪青藏鐵路，八十三歲的陰法唐老人和夫人李國柱帶着兩個女兒進藏參加江孜抗英百年紀念活動，最後一次走

青藏公路，為的是看一看他奔走了二十多年的青藏鐵路。令我驚愕的是，並非刻意安排，也沒有事先約定，接待更屬於兩個單位，可我卻與他們一家同住到了格爾木金輪賓館的同一層樓上，相隔不到五個房間。翌日拂曉時分，我起牀為老人上山送行，合影留念時，崑崙山上的圓月，恰好照在我命運的頭頂之上。

又見崑崙月圓，兩年採訪兩度中秋，我都是在崑崙山下度過的，卻是一夜無眠。

第一個崑崙山的中秋之夜，是因為三上崑崙，雪落空山，路斷，車阻，人未逾，傍晚重返格爾木市。在這離天最近的地方，以茶代酒，舉杯邀月。與秦時月、漢時月，還有唐時月，與那些埋骨關河、魂扔朝聖天路的忠魂，共一個今古之夜。

再一個中秋之夜，我入中鐵一局鋪軌基地採訪。窗外，中秋月圓聯歡晚會已開始載歌載舞，而我對面卻坐着四位女工，依次在講自己上青藏高原的故事，每個人都講得涕淚漣漣，其他人陪着在哭，我也不時拭淚。她們都是年輕的母親，孩子還小，夫妻雙雙上青藏，將孩子扔給了老人照看。我說，中秋月圓時，該給家人打電話啊，你們怎麼不打啊。她們說中午就打過了。我怔然，此時月圓不打，為何提前到中午打電話，月亮還未出來啊。女工說，若此時打，孩子和老人在那頭哭，我們在這頭哭，還不千里明月一家淚灑崑崙啊。千山有月千山圓，為了雪域天路，萬家皆圓，獨我不圓。一位女工說，中午給女兒打電話，女兒在電話那邊邊說邊唱，邊唱邊哭：媽媽，媽媽，我愛你，就像老鼠愛大米。至此，我的喉嚨也一陣哽咽，

男兒之淚跟着四位女工簌簌而下。

月灑崑崙雪，天上宮闕，人間蒼生。此刻，我離天宮最近，那輪崑崙山上的中秋月，又圓又低，我欲摘下來再贈人間，卻手握一把蒼涼月水，驀然間，芫野無風，十面淒寂，戈壁如海，明月照映你和我，情何以堪？！我陪着四位軌排航吊上的女工流盡最後一滴鄉愁的淚水，也洗卻了我的最後一點輕狂和淺薄。風花雪月，紅塵誘惑，在這橫空出世的蒼莽崑崙之前顯得渺小和矯情，儘管我的書寫不會偽抒情，但是，我卻記下了今夜的感動——只有走過青藏高原的人，才會有這種特殊的感動。

這一年晚秋的一個黃昏，我又一次氣沉丹田地坐到電腦前，敲下了第一行字。人行走在文學旅途上，靈魂依然踽踽獨行於大荒。這部書其實是我專業寫作生涯中最艱難的一次遠行，不僅僅因為採訪的艱辛，多數的採訪都是在大腦缺氧遲鈍的地方進行的，前前後後採訪了三百多人，混沌地記下了厚厚的五大本筆記本。等這些採訪本將最終合上的時候，我一直對自己寫作的激情、才情差點在青藏鐵路線折戟沉沙而記憶猶新。然而就像登頂雪山一樣，誰能堅持到最後，誰就能最終登頂，笑到最後。

終章的音符，已在我孤獨的周遭戛然落下，沉睡的十里長街上，又碾過車輪的轟鳴，劃破了秋夜的靜寂，可是今夜我沒有睡去，冷山千重唯我獨行，仍然在走向聖城的途中。

我總也忘卻不了當雄草原上一個叫烏馬塘的地方，往下行數公里，矗立着八座經塔，已在歲月的雪風中矗立了千百年。我三

次從它身邊匆匆掠過，三次停車下來拜謁。西方不少冒險家歷盡九九八十一難，到了這八座經塔前，都被噶廈政府的藏兵給堵了回去，一位荷蘭傳教士的妻子甚至將嬰兒生在這裏，埋在了這裏。我曾悄然拾起一面印有經文的最古老的祈禱幡帶回北京，靜藏於室；我亦悄然地撿了塊刻成六字真言的瑪尼石，迢迢萬里帶到雲南，敬贈給媽媽，卻被她送到寺廟裏，祈禱今生今世的平安。

然而，等我 2004 年第三次路過經塔時，卻意外地發現，八座經塔轟然坍塌了一座，這意味着什麼，又昭告着什麼呢？！我說不清楚。沒有答案，神祕之境似乎許多事情都無答，無言亦無語。一縷雪風吹過，風吹無塵，往事隨風而逝，唯有現在。

無語上天堂，卻有一雙慧眼注視萬千眾生。從九子納的經塔再往下走，卻是當雄草原上最大的一個經幡群，它背後仰躺着念青唐古拉主峰，恰似女神，肆無忌憚地躺在那裏，偶爾美麗的身段會被雪霧湧起，披上厚厚的雲裳。但是如若心誠，如若與山神有緣，你便會在雲霧繚繞之中偶然仰望見橫臥在山巔上的女神，其顏值指數之高，讓天下進藏的朝聖客激動不已、膜拜不已。

經幡迎風飄蕩，經幡如魂。我就是這樣，行進在文學之旅上，一步一膜拜地走向聖城拉薩。

# 第一章

# 朝辭京城秋風起

1. 經幡飄蕩的青藏高原
2. 奔馳中的火車
3. 陰法唐夫婦在風火山隧道口

**1**

③

②

世界中央的須彌山呀，

請你堅定地聳立着，

日月繞着你轉，

絕不想走錯軌道。

—— 六世達賴喇嘛倉央嘉措情歌

# 睿眸一覽喜馬拉雅之小

北京西四大拐棒胡同，在陰法唐老人家裏，我第一次聽到「青藏鐵路」四個字，第一次聽說它的終點站在達旺，即六世達賴喇嘛倉央嘉措的故鄉，我的神色一片訝然，喃喃自語，怎麼可能啊！

「是這樣的。」老人極其和善，身上一點也沒有想象之中封疆大吏的威嚴，他輕鬆地笑着對我說，卻讓人無法懷疑。

那是 20 世紀 90 年代一個春日。春陽西斜，拂照在燕嶺上，亦從玻璃窗映射進來，照在客廳裏。老人目視遠方，神思似乎又飄向了西藏。「這是一個世界級的工程，也是一個世紀夢想，本世紀三位偉人孫中山、毛澤東、鄧小平，都想在青藏高原上留下歷史的大手筆，青藏鐵路曾經三上三下，我到現在仍在不斷呼籲。」

「中山先生也曾想修進藏鐵路？」我第一次聽説這個聞所未聞的信息。

「當然，已經寫進《建國方略》，你沒有讀過嗎？」

我搖了搖頭：「第一次聽説！」

話題一觸及西藏，陰法唐老人就來了情緒：「知道中山先生世紀之初設想過的進藏鐵路的終點站嗎？」

「那還用説，拉薩唄！」我自作聰明地回答。

「錯了！」陰法唐微笑道，「往南，從拉薩過雅魯藏布江，經山南，過錯那縣，直抵喜馬拉雅山南坡的達旺，就是六世達賴喇嘛倉央嘉措的故鄉。往北，跨越岡底斯山，直抵阿里首府獅泉河。」

「啊！如此宏偉。」我驚歎不已。

「是啊！」陰法唐擊節歎道，「孫中山先生在 20 世紀之初有兩大夢想，一個是修建三峽水庫，一個是進藏鐵路，儘管寫進了《建國方略》，畫到了地圖上，但夢想畢竟是夢想，百年之後，唯有共產黨能夠做到。三峽水庫如今已立項上馬了，高峽出平湖的勝景指日可待，我敢斷言，修建進藏鐵路已為期不遠。

「關於進藏鐵路的設想，源起於民國初年。彼時，孫中山出任民國臨時大總統不久，河南項城袁氏擁兵自重，以為有槍就是草頭王，必可取而代之，果然，袁氏當國。中山先生從此失業了，環顧京畿廟堂，卻沒有適合自己的位置。罷了，罷了！想揮揮手掛冠而去，又於心不甘。寂寞苦爭春，一夜長考後，便認領了民國政府鐵路督辦的虛位，在一張白紙上開始畫中國鐵路的大餅。在那個故都

之秋，他面對中外記者，侃侃而談，拋出在神州大地修建二十萬公里鐵路的雄偉藍圖，進藏與進疆鐵路都納入他的視線之內。其中，這條世界上海拔最高的鐵路線，向西，越古象雄王國，最後一站可到阿里；向南，越過喜馬拉雅山麓，直至六世達賴喇嘛故鄉達旺。」

1973 年 12 月，北京的冬天很冷。

一場冬雪落下，覆蓋了故宮、景山和紫禁城的琉璃黃瓦，也無聲地落到了中南海的游泳池裏。

雪後初晴，一地蒼涼，映入中南海游泳池旁毛澤東主席的書房。主席坐在沙發上，等待迎接尼泊爾國王比蘭德拉。

身材魁梧彪悍、戴着船形帽的年輕國王跨進門檻，虎虎生威地走了進來，曾經氣吞山河的毛澤東的睿眸裏充滿老者的慈祥，他緊緊握着年輕國王的手。比蘭德拉首先真誠地感謝了毛主席幫助尼泊爾修築了從轟拉木到加德滿都的中尼公路，然後表示，就擴大兩國貿易而言，這條路仍無法承受，比如將中國青海湖的鹽還有鐵運往尼泊爾，太遠了，汽車運量不夠。毛澤東長長地吸了一口煙，將睿眸投向了遙遠的西藏，說那就修一條進藏鐵路，跨越喜馬拉雅山！

中國北方的冬日殘陽如血，沒有夏日的熾熱和猛烈，悄然沉落到了燕嶺之中，在天空中留下一片煙葉般的枯黃。送走了比蘭德拉國王，毛澤東累了，護士連忙扶他回去休息。

壯士雖已暮年，但仍一言九鼎。就在毛澤東與比蘭德拉談話二十多天後，國家建委召開了關於高原、凍土和鹽湖的科研會，並責成中國科學院具體分管這項工作。隨後國家建委將落實毛澤東指

示、上馬青藏鐵路的報告呈報中共中央和國務院，白紙黑字地寫道：1974 年年內開工，1983 年或 1985 年完成。工期為十年。

其時，躺在 305 醫院病榻上的周恩來總理仍然日理萬機。祕書將毛澤東主席與尼泊爾國王的談話記錄呈上來了，一摞文件裏還有國家建委建議上馬青藏鐵路的報告。周恩來總理戴上老花鏡，忍着身體的痛楚，一一展讀。在此之前，身染沉痾的總理長歎道，從孫中山的夢想迄今為止，半個多世紀過去了，鐵路未修進拉薩，我們共產黨人有愧啊。因此一向謹慎的周恩來大筆一揮：爭取 1980 年通車，最晚不能晚過 1982 年。

夢幻離現實一步步近了。「文革」後期復出、剛剛恢復副總理職務的鄧小平，對青藏鐵路的上馬極為關注，多次做出批示，要儘快論證，爭取早日上馬。

當時，葉劍英元帥主持中央軍委工作，他知道當年在朝鮮戰場上鐵道兵屢建奇功，建起了炸不斷的鐵路運輸線。因此，他給鐵道兵司令員和政委打電話，鐵道兵要儘快上青藏高原去。

葉帥一聲令下，1974 年 4 月，鐵十師打前站的副師長姜培敏帶着先遣組到達了封閉多年的德令哈到關角隧道。隨後鐵七師也上來了，承攬了從蓮湖往西，直抵格爾木南山口的地域。

風蕭蕭兮高原寒，第三次上馬的青藏鐵路一期的終點站，就在橫空出世的莽崑崙腳下。

這一天姍姍來遲了，但是並不晚。

# 北戴河，有一位老人掐指算青藏鐵路造價

　　20 世紀 80 年代末，原第二野戰軍的老人要寫一部書，是獻給他們的老首長鄧小平的，書名取為《二十八年間——從師政委到總書記》，分給陰法唐老人一個題目，是關於青藏鐵路的。那天，陰法唐老人將我召至他家，談他與鄧政委之間的故事。

　　我以為陰法唐老人與鄧小平職務懸殊，接觸的故事不多。

　　「年輕時是這樣。我只是鄧政委麾下的一個團長，」

　　陰法唐款款講述着他與鄧小平之間的故事，「但是他知道我。」

　　後來我了解到，老人家真的是謙卑了，鄧小平對他豈止是知道。

　　當年劉鄧大軍千里躍進大別山，陰法唐是劉鄧首長領導下的第 1 縱隊 20 旅的一個團長。在魯西動員的時候，鄧小平站在地圖前，講劉鄧大軍要將重裝備扔掉，越過黃泛區，千里躍進大別山，猶如一把尖刀插入南京國民政府的背部。同時，也將各種困難預見到了，鄧小平說那裏不是老區，生存下來非常困難，外有國民黨軍隊重兵圍剿，內則糧秣供給不足。果然進入大別山後，一切艱難險阻，都被說中了。於是，劉鄧首長決定由劉伯承司令員和中原局迂迴出大

別山，牽制敵人。陰法唐所在的 20 旅作為劉司令的衛戍部隊，暫時告別大別山。臨走的那天，鄧小平再度動員並下了死命令：如果劉司令員有一點閃失，便拿 20 旅是問。

後來，果然發生了一場虛驚。1947 年冬天，陰法唐隨 20 旅旅長吳忠，跟着劉伯承從大別山回師豫皖蘇根據地，警衛劉司令和中原局機關。在向北開進途中，冤家路窄，又一次與胡璉整編 11 師不期而遇，敵我之間相互攔腰截斷，敵中有我，我中有敵。面對數倍於己之敵，第 1 縱隊司令員楊勇立即命令部隊一字排開，成寬大正面，向北、向西輕裝跑步，快速前進，不惜一切代價將陷於重圍中的劉伯承和中原局領導接出來。

消息傳到大別山，鄧小平說 20 旅的 59 團功不可沒。而 59 團的團長恰好是陰法唐。

陰法唐作為當時二野的一位中級軍官，在大西南追擊戰中，更讓劉鄧首長眼睛遽然一亮。當時，他率一個團兩個營的兵力 1200 多人，追擊國民黨中央軍一代名將宋希濂軍團殘部 3 萬餘人，溯大渡河而上，在河兩岸穿插迂迴，終於將宋希濂軍團趕進了大渡河，全軍覆滅。鄧小平聽了後，擊節歎道：陰法唐這一仗打得好。

最給老首長長臉的事情是 1962 年，當了十年西藏江孜分工委（後改為地委）書記的陰法唐重披戰袍，親赴前線，擔任 419 部隊前線指揮部政委，指揮一個師吃掉了印軍第 7 旅，活捉印軍準將旅長達爾維。消息在北京傳開了，說一個地委書記指揮打了一場大勝仗。

鄧小平問，那個地委書記是誰？別人告訴他，陰法唐。他說我知道，是原 18 軍 52 師（1949 年由中原野戰軍第 1 縱隊 20 旅改編而成）的副政委。

1980 年初春，陰法唐被中央任命為中共西藏自治區黨委第一書記。

陰法唐第一次單獨給鄧小平彙報工作是在 1983 年 7 月下旬的一天，在北戴河，而且談的就是青藏鐵路。

那天午休起牀後的鄧小平坐在別墅的陽臺上，遠眺秦皇島，滔滔汪洋，波瀾壯闊。大海的深沉，似乎與中國改革開放總設計師的胸襟交相輝映。他吸着煙，靜靜地看着大海深處，思考着中國的航船駛向何方。這時，祕書輕輕走過來告訴他，上午政法委書記彭真處打來一個電話，說西藏自治區黨委第一書記陰法唐想來拜訪。鄧小平點了點頭。

祕書多少有點錯愕。領導日理萬機，到北戴河夏休辦公仍然日理萬機，每天工作到很晚。此時，已經是下午下水時間了，他卻要與一位自治區黨委第一書記談話，似不多見。

沒過多久，陰法唐到了。小轎車在鄧小平的住處前戛然停下。在西藏任職已三年有餘的老部下跨出車門，在鄧辦祕書的引領下，往會客廳走去。剛剛落座，鄧小平便從書房走了出來，陰法唐連忙站起身，走了過去。依然是過去的老部下對二野劉鄧首長的稱呼：「鄧政委好！」鄧小平微笑着讓陰法唐坐下談。

陰法唐彙報說：「最近三年來，我們認真落實十一屆三中全會

以來的政策，西藏發生了很大變化，人均年收入由改革開放之初的一百多元增加到了二百多元。落實政策、平反冤假錯案也取得了新的進展，上層和統戰人士的心安了、氣順了，離心傾向大大削弱。」

鄧小平不時點頭，很少插話，睿智的眼神卻鼓勵陰法唐說下去。

陰法唐接着談了許多西藏地區的事情。西斜的太陽漸次瀉進會客廳，不知不覺中，一個小時過去了。陰法唐怕影響領導下海游泳，欲起身告辭，沒有想到鄧小平突然問他進藏鐵路應該走哪條線。

陰法唐一怔，他知道中央已屬意滇藏線了，但是三年自治區黨委第一書記的在任和走遍西藏的經歷，使他對西藏地理環境有了深刻了解，他說：「還是走青藏線好。」

緊接着，鄧小平就提出了他所關注的鹽湖問題。

陰法唐笑着說：「早已經過了鹽湖，鐵道兵的兩個師在 1978 年就將青藏鐵路一期西格段修到了格爾木，鐵路已經抵達崑崙山下了。現在主要是凍土的問題，但是專家認為可以解決。從 50 年代我國政府成立凍土大隊奔赴高原研究凍土問題開始，到 60 年代初，西北科學研究院在風火山上設點實驗，又至 1974 年第二次上馬時，我們的專家搞了許多項目，應該說積累了許多經驗。再說，西伯利亞大鐵路也有凍土，問題不大。」

鄧小平聽後點了點頭，然後問修青藏線有多少公里，大概要花多少錢。

陰法唐回答道：「從格爾木到拉薩的路線為 1200 多公里，原來預計需 28 個億，現在加上物價上漲的因素，可能要三四十個億。」

鄧小平扳着指頭算了算，仰頭考慮了一會兒，說三十來個億足夠了。

「西藏群眾迫切希望青藏鐵路能夠早日上馬。」陰法唐不忘最後做一做領導的工作，然後起身告辭，看着鄧小平與衛士們向海灘走去。

天風海雨，北戴河的午後，海天一色，水霧煙雲被熾烈的陽光化作一片蔚藍。一雙睿眸投向大海深處，極目所至，是高高的崑崙與喜馬拉雅山，風景如畫，歸然不動，彷彿早已穿透了中國的天空。

# 世紀元年中國大手筆

那是 2000 年秋季的一天，京畿天空半晴半陰着，我入北京友誼醫院，採訪已經賦閒下來的熱地書記。因其長期擔任西藏自治區黨委副書記，故想找人寫一部傳記，便向中央統戰部副部長劉延東談了自己的想法。劉延東找到中國作協書記處書記陳建功，請他推薦一位熟悉西藏的作家寫《熱地傳》。陳建功乃我恩師，對我極其了解，脫口而出：讓徐劍擔當此任。

「徐劍是誰？」劉延東問道。

「第二炮兵政治部創作室主任，寫報告文學的大家。」陳建功答道。

「我認識他的政委彭小楓。」劉延東說道。

「那就讓彭政委直接給徐劍下命令吧，一個電話就解決了。」陳建功建議道。

「好的，我馬上給彭政委打電話。」

果然，數小時之後，我的老首長鄧天生少將將我召進辦公室，將《熱地傳》的任務交給了我，說這是彭政委交代的任務，讓我完成好。

我點點頭，心中卻閃過一絲默想，與熱地共一個西藏自治區黨委班子的「老班長」陰法唐中將之傳《封疆大吏》都沒有寫完，怎麼能寫《熱地傳》？一前一後，誰官最大、歲數最大，自然是陰法唐老書記莫屬。

然，時光匆匆，因了領導一再追問採訪過熱地書記否，於是我聯繫了他的祕書，問其是在西藏採訪，還是北京。彼答，北京友誼醫院，首長那時正好體檢。

是日，我到了友誼醫院。熱地書記談及一個月前，中共中央十五屆五中全會在京西賓館裏舉行的細節。

他說，那天太陽暖洋洋的。一夜秋風四起，稀釋了苦夏的燠熱，將北京的天空洗抹成海域般的藍。下午 3 時許，一抹斜陽映照在中央全會西南組的討論會場裏。西南五省的領導們落座不久，走廊上突然響起一陣腳步聲。

雙扇旋轉門被推開了，兩個女服務員佇立門的兩側。中共中央總書記江澤民信步走了進來。西南組的各位領導起身鼓掌後，總書記雙手示意大家坐下。看着總書記坐定後，坐在前排的西藏自治區副書記熱地心中掠過一縷秋空般的明麗：「青藏鐵路這齣時代大戲，今天到了隆重登場的時候了！」

　　寒暄過後，自治區書記率先發言，隨後輪到熱地了。他非常得體地接過了話題，操着一口純正的漢話：「總書記 1990 年 7 月視察西藏，在海拔 4500 米左右的日喀則、羊卓雍錯，都留下了光輝的足跡、親民的形象，西藏人民至今記憶猶新。」

　　總書記朝着熱地微笑着點頭。

　　熱地心中似有一股暖流泛起。他個子不高，皮膚黧黑，一張英俊的國字臉略顯貴相。其實，他原是西藏比如宗一個放牧的奴隸娃子，進藏的 18 軍將士的鏗鏘和平之旅，讓西藏發生了一場絕不亞於當年造山運動的天翻地覆的變化，也從此改變了熱地的命運，他從頭人的牧場上跑了出來，跟隨解放軍的工作隊走了，當了一名普通的偵察員，後來進入中央政法學院學習，畢業後在那曲分工委任一般幹部。以後進入西藏政界高層，不僅歷屆西藏自治區黨委書記對他青睞有加，就連胡耀邦等中央領導也視他為朋友。

　　多年的政壇歷練，使得他能說一口字正腔圓的漢語，鮮見少數民族說漢語的生澀。他語調略略頓了頓，然後娓娓道來：「我們忘不了 1994 年夏天，總書記主持第三次西藏工作會議，把西藏人民盼了四十年的『做好進藏鐵路的前期準備工作』寫入紀要，隨後，

八屆人大四次會議，《「九五」計劃和 2010 年遠景目標綱要》也再次提及『進行進藏鐵路論證工作』。如今西部大開發的帷幕已經撩開，對於我們西藏人民來說，最大的祈盼、最大的厚禮莫過於進藏鐵路了，這是藏族同胞千年祈盼的天路啊。中國共產黨的第一代、第二代中央領導非常關心進藏鐵路的建議，那麼現在看來，西藏人民盼望已久的事，恐怕要由中央第三代領導集體來具體實施了。我看西藏鐵路大有希望。」

熱地的發言在「大有希望」中漂亮地畫下句號，靜穆的會議室，一時掌聲如雷。總書記爽朗地笑着，揮手招了招坐在遠處的鐵道部部長傅志寰，讓他坐過來跟大家講講進藏鐵路的前期情況。

傅志寰覺得有點突然，他本是來聽會的，想傾聽一下西南五省市對西部大開發有何建議，鐵路如何在西部大開發中鳴鑼開道，沒有想到總書記會點自己的將。在鐵道部工作了幾十年，他一直是搞科技和運營，但是對於進藏鐵路的前期論證並不陌生，兩個多月前，部領導率考察組從青藏高原歸來，便詳盡地向他談過考察情況。

無須藉助本子，傅志寰便侃侃而談起來：「進藏鐵路之夢，一夢就是一個世紀，當年孫中山先生最早在《建國方略》裏就提及，不過，那只是一個寫在紙上的夢想，真正能圓夢的是我們中國共產黨人。從 50 年代開始，進藏鐵路曾經三上三下。第一次是 1956 年至 1961 年，青藏公路管理局局長慕生忠將軍帶着鐵道部第一設計院的曹汝楨、劉德基、王立傑三個工程師，第一次乘吉普車踏勘青藏線，隨後蘇聯專家幫助進行了青藏鐵路走線的第一次航測，但是

在 1961 年的三年困難時期最終下馬了。第二次是 1973 年毛澤東主席接見尼泊爾國王比蘭德拉，再次提出要將青藏鐵路修過喜馬拉雅山，數千勘測人員再度走上世界屋脊，進行現場踏勘，於 1978 年再度下馬，但是我們在風火山留下世界上唯一不通車的 500 米鐵路路基，作為實驗段。第三次是 80 年代初，滇藏鐵路一度被列入國家重點工程，甚至滇藏鐵路總指揮部都在昆明成立了，但最終還是下馬。下馬的原因多種多樣，國力不濟是一個重要方面，當然，最主要的原因是許多世界級的技術難題一時無法攻克。」

　　總書記仰起頭來，問他在滇藏線、川藏線、青藏線中更傾向於哪條線。

　　「青藏線！」傅志寰胸有成竹地答道，「因為從長度上，滇藏線從昆明至拉薩是 1960 公里，經滇西高原丘陵區、高寒深谷區、高山寬谷區、橫跨橫斷山脈，金沙江、怒江、瀾滄江三大水系，五條深大斷裂帶，地質複雜，有冰川、泥石流、崩塌、滑坡、地熱、風沙等，光橋隧就有 970 公里，約佔全線 50%；川藏線從成都始，全長 2024 公里，地形比滇藏線更複雜，橫跨七大江河、八大深大斷裂帶，工程浩大，橋隧 1077 公里，佔全線 53%；唯有青藏線從格爾木南山口零公里起，僅有 1200 多公里，跨越崑崙山、唐古拉山，海拔雖高，地勢卻相對平坦。三條線相比，青藏鐵路是首選，一是建築長度短，工程量小，投資省，工期短，建設代價最小；二是地形平坦，意外受損容易修復，有利於戰備；三是有關的技術研究工作一直沒有停止。青藏鐵路風風雨雨、坎坎坷坷五十年，橫在我們

面前的就是三道世界級的難題，多年凍土、高寒缺氧和環保問題無法解決，當時的國力也不允許。半個世紀的準備，終於到了破繭而出的時候了。凍土問題，中科院蘭州寒旱所的程國棟院士等一大批專家，幫助解決了凍土機理上的超級難題。」

這時，正俯首做筆記的總書記突然抬起頭來，饒有興趣地問道工程技術上能否解決。

「可以解決！」傅志寰信心百倍地說，「風火山實驗路基近三十年的觀察，已搜集了 1200 多萬個可靠的數據，借鑒青藏公路和輸油管道管理及維護的經驗，鐵道部又派人考察巴西、加拿大和俄羅斯凍土的鐵路，對高原凍土地區的工程建設的認識較為深入，在凍土地段修建鐵路方面制定了比較可行的技術措施。如採用片石路基、通風管路基，設置保溫層，以橋代路、熱棒技術等，可以説世界級的高原凍土難題，我們已基本解決了。對於青藏高原上脆弱的環境問題，也有了全新的認識。今年 5 月，鐵道部派蔡慶華副部長陪同中國國際工程諮詢公司董事長屠由瑞就青藏鐵路的立項進行了考察；兩個月後，我們的另一位副部長率有關司局、規劃院、鐵一院、蘭州鐵路局負責人再度上青藏高原，實地考察。他們形成了一個共識，青藏鐵路萬事俱備，就差中央一聲令下了。」

傅志寰的彙報戛然而止，會場上掌聲響了起來。總書記輕拍沙發扶手，然後讓傅志寰把今天說的這些內容，儘快寫成一個簡明材料。

「是！」傅志寰長長地舒了一口氣，這時他才感到自己的脊樑

已經濕了。

十五屆五中全會落下帷幕。傅志寰部長驅車回到離京西賓館僅有數百米遠的鐵道部大樓，迅速將鐵道部黨組成員召到會議室，傳達了總書記在西南組討論時的講話，並責成計劃司馬上起草一個關於青藏鐵路的簡明報告，不要長篇大論，文字要簡潔，以鐵道部的名義報總書記。

翌日，一份只有兩頁紙的青藏鐵路報告放到了寬敞的辦公桌上。經審定後，他找到部裏對進藏鐵路最知情的人，將有關重點問題補充詳盡，又親筆起草了一封信，附上這份觀點明確、論證充分、文字簡練的修建青藏鐵路的報告，直送中南海。

一個月後，京城的喧囂沉寂下來了，枕着秋夜而眠。大衢閭巷裏的燈火漸次稀疏，而中南海勤政殿總書記辦公室的燈光還在亮着。時鐘已指向深夜 10 點，總書記毫無倦意，仍在處理案頭那一摞堆得高高的文件。鐵道部關於青藏鐵路上馬的報告就放在總書記的辦公桌上。

書案上的燈光照着這份鐵道部的報告。總書記伏案看了一遍，猶有意味，摘下眼鏡，重新將桌子上的另一副眼鏡換上，又翻閱了一些重要的段落。那睿眸彷彿穿破夜幕，投向了蒼茫青藏。千禧元年中國第一個大手筆，應該是屬於西藏的⋯⋯

總書記伸手從筆筒裏抽出一支筆，用遒勁的字體，寫下了長達數百字的批示：修建青藏鐵路是十分必要的，對發展交通、旅遊，促進西藏地區與內地經濟文化交流是非常有利的。我們應該下決心

儘快開工修建，這是我們進入新世紀應該做出的一個大決策，必將對包括西藏廣大幹部群眾在內的全國各族同胞帶來很大的鼓舞。

總書記的批示很長，內容涉及西藏的政治、經濟、軍事乃至戰略等方面，甚至還考慮到青藏高原的地理和氣候環境，提到今後青藏鐵路的運輸、管理、維修模式也應該有比較完善的預案，要求有關部門抓緊研究，在多個方案中分析比較，以便中共中央、國務院做出正確決策。

隨着總書記手中的筆輕輕一落，2000 年 11 月 10 日 22 時，從此定格為歷史，成為青藏鐵路啟動的發令信號。

世紀初年，一個中國大手筆在神州大地上畫上了歷史性的感歎號！

第二章

# 冷山萬重多凍土

❶ 凍土學家張魯新

❷ 青藏高原上的雪山

❶

自從看見你，

我睡不着，昏昏沉沉地度過一宵。

白天找不到路通向你身邊，

晚上，又不能把你忘了。

——六世達賴喇嘛倉央嘉措情歌

# 青藏高原上的最後一位理想主義者

　　數月前的一天，我正在家中伏案寫作，李炳銀老師突然給我發了一條短信，説他剛看了《朗讀者》節目，凍土學家張魯新講述了許多青藏鐵路修建中的故事，很感動人，讓我重點關注一下，最好能夠寫入書中。我撲哧一笑，回覆道，這都是老皇曆了，張魯新這些故事皆出自我的採訪之中。遙想當年，因了我在文章中説他是青藏高原上最後一位理想主義者，引起很大的轟動。青藏鐵路通車那年，《東方之子》欄目專門為他做了一期特別節目，還邀我出鏡對談張魯新。然，被我拒絕了。因為所有的故事、細節和話題都在當年的採寫中抒發了。此時只是冷飯新炒，舊話重提，沒有多大意思。

　　不過，張魯新的職業就是一盤「冷飯」，因為凍土研究，他坐

了很多年的冷板凳。

2000 年 7 月底，在蘭州鐵道部科學研究院西北分院（現中鐵西北科學研究院）的張魯新聽到一個消息，鐵道部副部長將率考察組上青藏高原，對進藏鐵路進行可行性調研。張魯新心中遽然一動：二十多年的高原凍土研究的漫漫苦旅，終於等到最後的出口了。

那天中午，時間已接近 12 點，張魯新不時抬腕看錶，他有點坐立不安。馬上就到午飯時間了，前邊還有幾位專家正在向鐵道部領導娓娓道來，輪到自己，恐怕時間不多了。他不能再等了，二十多年潛心研究凍土，成敗就在這一刻，鐵道部副部長親自聽青藏高原凍土研究的彙報，在他的記憶中還是頭一次。他知道自己話語的影響力，更清楚領導在青藏鐵路決策中的分量。

內斂謙和的書生性格似乎與他無緣，儘管為自己的狷介個性付出過沉重代價，但是他仍然不改秉性，像一匹黑馬殺了出來，突兀地向鐵道部領導提出：「部長，我就講半個小時，談你最關心的凍土問題。」

「沒有關係。」領導的臉龐舒展着和暢的笑容，「你慢慢說，把這三十多年的研究成果都講出來，把你們科學家在高原生活的酸甜苦辣都講出來，你們科研能夠堅持三十多年，我聽幾個小時還不行嗎？不聽完你的彙報，我們不散會，不吃飯！」

「謝謝！我有一種找到組織的感覺。」張魯新優雅地一笑，心裏一陣暖流湧動，「雖然進藏鐵路三上三下，但是我們的幾代凍土專家卻始終堅守在青藏高原之上，艱苦困厄，幾經彈盡糧絕，卻也

大有所獲，在區域凍土、凍土物理和力學、凍土工程等方面的科研上，取得了堪與世界比肩的成果。比如我們西北研究所從 60 年代初就在海拔 4800 米的地方設立了觀測站，日復一日，年復一年，三十多載不間斷地觀測、搜集數據共 1200 多萬個，青藏鐵路如果上馬，對於跨越 550 公里的凍土地段，那將是一筆巨大的科學資源。」

領導擱下手中的筆：「且慢，你詳盡給我講講凍土是怎麼回事。」

領導一語點到了張魯新事業的興奮穴位上。張魯新將一生所著的幾部皇皇巨著化作了簡單的幾句話：「認識和決策青藏鐵路沿線高原凍土，三種情況是不能忽略的。第一，從凍土分佈看，有島狀的、大片的和多類融區三種。第二，從凍土的地溫上看，也有兩高兩低四種情況，即高溫極不穩定區、高溫不穩定區、低溫基本穩定區和低溫穩定區。第三，從凍土的含冰量上看，有少冰、多冰和高含冰量之說。這是認識凍土、進行鐵路路基施工的基礎和前提，捨此無他。」

「我明白了！」領導輕輕點下頭，目光突然犀利起來，如一道飛虹射來，「不過，張教授，我有一個問題請教！」

「領導太客氣了！」張魯新心中泛起了感動。

「據我所知，凍土是一個世界難題。」顯然領導也是有備而來，「世界上的幾個凍土大國如俄羅斯、美國、加拿大等，都為解決凍土做出過艱辛的努力。我想知道，中國搞了幾十年，能與這些先進國家站在一條水準線上嗎？」

「應該說我們的凍土研究比美俄等大國起步晚，但絕不落後，

這並非妄自尊大。」張魯新對中國的凍土科研了然於胸,「改革開放之前,我們幾乎是以俄為師,始終沒有走出蘇聯凍土科研的影子。但是 80 年代之後,突然發力,做了許多開創性的科研。憑藉青藏高原這個最大的世界凍土寶庫,可以毫不諱言地說,中國的凍土研究絕不遜於世界先進水平。從世界已建成的凍土鐵路看,運營近百年的第一條西伯利亞鐵路的病害率為 40% 左右,建成於 20 世紀 70 年代的第二條西伯利亞鐵路的病害率是 27.5%,而我們的青藏鐵路一期西寧至格爾木段是 31.7%,相差無幾。」

「如果我們修建青藏鐵路二期格拉段,鐵路的病害率能不能降到 10% 以下?」領導顯然是鐵路建設的專家,對鐵路建設的指標了如指掌,「在解決凍土問題上還有哪些可行性辦法?」

「我覺得可以!」張魯新勝券在握地答道,「我們在室內開展的通風管路基、片石路基結構和遮陽棚模擬實驗,都取得了很好的效果,為到凍土地段的大實驗裏展開提供了重要的理論分析、數值模擬和工程設計參數。不過就單純從降溫角度考慮,熱棒效果最好,其次是片石通風路基和通風管路基、碎石護坡,還有遮陽棚等技術。」

「熱棒技術?」領導對這種新技術了解不多,關切地詢問,「有成功的先例嗎?」

「有。美國的阿拉斯加輸油管線工程就成功應用了這一技術,安全運行了二十多年,美國、俄羅斯和加拿大凍土地區的輸電線塔、房屋、公路、鐵路也都廣泛採取了這種技術。」

「噢，有如此之好？」

張魯新點了點頭，詳盡地介紹了熱棒技術的原理。

時光如崑崙山上吹來的季風，隨風而逝。張魯新關於凍土問題的彙報，一談就是近兩個小時，直至下午 1 點半才結束。

「謝謝你，」領導站起身來，緊緊地握住張魯新的手，「給我們上了很好的一堂凍土技術課，讓我們對於破解這道世界級的難題，上馬青藏鐵路，更有信心了。」

「您什麼時候離開格爾木？」張魯新突然追蹤起領導的行程來了。

「明天早晨上山，我很想到你說的風火山觀測站看看。」

「好呀！」張魯新起身告辭之時，一個強烈的念頭陡然而生。回到下榻的酒店，他顧不上吃午飯，就和同來的副院長張羅着找一輛跑長途的出租車。助手疑惑不解：「張教授，你要打出租車，長途返回蘭州？」

「不！」張魯新搖了搖頭，「是上風火山。」

「上風火山，什麼時候走？」助手詫異地追問。

「今天深夜動身！」張魯新遠眺着蒼莽崑崙的雪蓋，心似乎已飛越到了風火山之巔，「我們必須在鐵道部領導抵達之前趕到風火山觀測站。」

「有這個必要嗎？凍土研究，你在會上講了近兩個小時，我看已經征服了領導。」助手問道。

「當然有呀！」張魯新深情地説，「我們西北研究院的幾代人

在風火山守望了近四十年，他們的價值和奉獻，理應讓北京來的領導知道。再說，作為老人，風火山試驗段的情況目前也只有我能說得清楚。」

見張魯新如此執着，助手心裏一陣感動，跑到街上去找出租車。然而環顧格爾木這座犛牛馱來的城市，出租車的窘狀令人無法想象，最好的車輛就是天津夏利了，且已經跑了一二十萬公里，車況堪憂。

「張教授，只能委屈你坐破夏利上山了。」助手苦笑道。

「能坐夏利已經很不錯啦。」張魯新知足地說，「當年我們跨越崑崙，翻越唐古拉山，坐的可是大解放啊。」

助手感慨萬千：「今非昔比。車這麼破，別掉了鏈子，將我們扔在五道梁上，哭爹喊娘也無人應啊！」

「不會的。青藏路上的司機都留有一手。」

「但願！」

是日，上蒼之手將時光撥到崑崙山子夜的臨界線上，張魯新披着高原的夜空寒星出發了。奔馳起來的夏利出租車渾身顫動，撞破了夜靄，猶如一葉黑湖中顛簸的輕舟，閃爍的車燈如兩隻螢火蟲，沉落在崑崙山和空闊無邊的可可西里的夜幕裏。三百多公里的路程，夏利出租車跑了五個多小時，拂曉就趕到了風火山觀測站。

上午 10 時許，當考察車隊出現在風火山鐵路實驗鐵基前時，張魯新已經帶着風火山觀測站的人員迎上來了。昨天聽彙報的領導驚愕地問道：「張教授，你怎麼會在風火山？該不是空降吧？」

「哪裏，昨天晚上連夜打車趕上來的。」張魯新如實招來，「我

在等領導，好給您彙報風火山實驗段的詳情。」

「真服了你啦，張教授，工作可是做到家了。」領導感歎道。

「您是看高原凍土科研的第一位共和國部長嘛！」張魯新認真地說，「我們奔波了幾十年，總算找到家了。」

「哈哈……」領導笑了。

「您站在風火山上有高原反應嗎？」張魯新關切地詢問。

「有！」領導連連點頭，「我登過最高的地方海拔只有4000米，這裏多高？」

「海拔4900多米！」

「難怪，我明顯感到有點頭暈、氣短和心跳加快。」

「那裏的海拔已經到了5013米！」張魯新指着風火山埡口，「過去，這些山頭一到夏天就有滾地雷，一個接一個的火球從山頂上滾落而下，人要躲避不及，就會賠上性命。」

「哦！」領導連連點頭，詢問道，「現在還有滾地雷嗎？」

「幾乎絕跡！但是您在這裏不能多待！可以簡單參觀一下，縮短行程！」張魯新引領鐵道部領導一行，詳盡地踏勘講解了半公里鐵路實驗段的每個項目，將後來大量運用於青藏鐵路凍土段的片石路基、碎石護坡、遮陽棚技術一一做了介紹。領導在風火山上停留了將近一個小時，才揮手辭別，往沱沱河長江源方向而去……

張魯新佇立在風火山，遠眺着一群灰頭雁排成一個巨大的雁陣，追逐着漸次縮小成黑點的車隊，他突然感到，雁翅之上，一個凍土學家生命的春天姍姍來臨了。

他聽到了盤旋在蒼穹之上的孤雁歸隊的雁鳴。

張魯新還是有點得意的，十七年之後亦如斯。距上次我對他的採訪，也已過去了整整十三年。人近古稀，那股心氣，那種心高氣傲，那份疏狂，絲毫未改，彷彿是與生俱來的。我沒有按炳銀老師之囑，回放《朗讀者》節目，我知道張魯新會在央視展示什麼、朗讀什麼。展示他收藏的全國各出版社出版的《鋼鐵是怎樣煉成的》《保爾·柯察金》的各種版本，講解每個版本之間翻譯時的差別，倒背如流地復述各翻譯之間的文字微妙之處。他朗讀的片段，一定是冬妮婭中途下火車，在泥濘的小徑上突然與自己的戀人保爾·柯察金邂逅。那段抒懷的文字，張魯新不知已經讀過多少遍了，第一聽眾和最後一個聽眾非他妻子莫屬，當然現在是全國的電視觀眾。

因為他喜歡保爾·柯察金，因為他們都是築路人，故可稱為一群 20 世紀最後的理想主義者。


# 慕生忠，踏勘青藏鐵路第一人


慕生忠將軍樓成了格爾木市的一道文物景觀。每到格爾木城的寫者，若寫這座城，寫這條天路，都繞不開慕生忠，必到慕府拜謁。

多年前，我曾有幸在成都西藏飯店採訪過慕生忠將軍，然而，直抵他住過的將軍樓，感受他留在這棟二層小樓的生活和歷史氣息，卻是在老將軍仙逝多年之後。故人已去，可是那股英雄主義的血脈仍在奔突和賡續，佇立迴廊上遠眺崑崙山，彷彿一個不朽之魂於雪山之巔鵠然而立，等着前來朝覲雪山諸神的眾生。

我俯首向下看玻璃櫃中，當年慕生忠將軍率工程師勘探青藏鐵路的筆記仍清晰可見，不禁令人喟然，將軍真乃踏勘青藏鐵路第一人啊。

雪風依稀，崑崙歸然，將軍當年探路的故事重新浮現在我的眼前。

1955 年的一天早晨，慕生忠將軍的嘎斯吉普在鐵道部西北設計分院（中鐵第一勘察設計院前身）門口戛然停下。

雖然已近冬季，但將軍的心情像懸在皋蘭山上的太陽一樣紅燦，剛剛過去的「八一」建軍節，中國軍隊第一次授銜，陝北紅軍出身的慕生忠以 18 軍獨立支隊政委、中共西藏工委組織部長的身份，被授予少將軍銜。比起那些永遠倒在通往新中國路上的同鄉，儘管身上穿了二十一個槍眼，但慕生忠覺得自己是一個幸運者。

將軍身材偉岸，性情豪爽，有着陝北那塊土地遺落的民風。一腳跨出吉普車的門，昂首一片蒼天，西北設計分院號稱蘭州城裏的西北第一樓，氣勢宏偉，有一股泱泱氣度。將軍操着一口陝北土話：「這樓哩，不愧是西北第一樓，像站在黃土塬上唱的高亢秦腔。」

西北設計分院的門衛見一位少將佇立在門前感慨萬千，連忙上

來打招呼：「將軍貴姓，你有何公幹？」

「慕生忠。」將軍一陣大笑，「什麼公幹？小同志，我是來招賢納士的。」

門衛愣了，原來是蘭州和整個大西北大名鼎鼎的青藏公路之父慕生忠將軍啊，連忙說：「慕將軍，請稍等，我去請領導來迎接將軍。」

「繁文縟節，就免了！我是來要人的，拜訪你們院長。」慕生忠腳下生風地往走廊走去。

聞訊而來的慕院長早已迎了出來，驚呼道：「哎呀，慕將軍，幸會，幸會，是哪陣風將您吹來的？」

「當然是青藏高原的季風嘍！」慕生忠幽默地答道，「無事不登三寶殿，我來要人呀。」

「要人？」院長怔然。

「是啊，一筆寫不出兩個慕字來，你可要做個順水人情啊！」慕生忠緊緊握住慕院長的手說，「青藏公路通車後，彭老總很高興，請我們吃飯，說我是青藏公路的第一功臣，我說老總啊，這個虛名我不敢當，真正的第一功臣是那些為修青藏公路，永遠躺在了崑崙山、五道梁、不凍泉和唐古拉山的官兵和民工。我向彭總彙報說，西藏的戰略支援，光靠公路不行，得有鐵路，彭總非常贊成，還特意彙報給總理，給我批了一筆錢。我回格爾木前，碰上了鐵道兵司令員兼政委王震，王鬍子說，鐵道兵在抗美援朝戰場上建立了一條炸不爛打不垮的鐵路線，現在是和平年代，一定要把鐵路修到巴山、

天山、崑崙山，一直修到喜馬拉雅。肥水不流外人田，這樣的大活，總不能老讓王鬍子拔了頭籌。你給我幾個人，隨我到青藏高原上走一趟，看看能否修鐵路，我也好向總理和彭老總交代。」

院長吁了一口氣：「我當什麼事，鐵路踏勘也是我們院的主要工作。慕將軍要幾個人？」

「至少三個吧！」

「就這麼幾個人，只要將軍一聲令下，要多少給多少。」

「哈哈，慷慨！」慕生忠一笑，「探一探能否修鐵路，要那麼多人去打狼啊。」

「這也是我夢寐以求的事啊。」

「那就說定了，讓他們回家收拾一下，明天隨我去香日德。」

「遵命。將軍，明天早晨準時到位。」慕院長爽朗地做了回答。

第二天上午上班時間剛到，慕生忠的吉普車就停在西北分院樓前等候了。慕院長帶着勘測工程師曹汝楨、劉德基、王立傑走了出來，一看慕將軍身着皮大衣，正倚在車頭前等候，院長惶恐地說：「慕將軍，不好意思，讓你久等了。」

「學生等先生，理應如此！」慕生忠哈哈大笑，「我行伍出身，是個粗人，與你們這些大知識分子打交道，就一個字，誠！」

一開始面對眼前站着的這位魁偉的將軍，曹汝楨等三人還面面相覷，有幾分拘謹，一聞此言，緊張的情緒一下鬆弛了，也被他的性格磁石般地深深吸引了。

「這就是我們帶隊的曹工。」慕院長指着曹汝楨說，「中央大

學土木建築系畢業，專學選線的工程師，參與修過國民黨時代的湘桂黔鐵路，後來到我們西北設計院，參與過天蘭線、蘭青線和包蘭線的選線。」

慕生忠熱情的大手伸了過來：「好啊！三十出頭，正當年。歡迎你們跟我去青藏高原走一趟，任務嘛，就一句話，待下山之日，你們就告訴我，青藏高原能不能修鐵路，我好給彭老總和總理有個交代。」

三個人會意地笑了。慕生忠走過去，幫着他們將行李和儀器搬到嘎斯吉普車上。馬達轟鳴，揮手別過金城，中國第一個進藏鐵路選線小分隊，跟着慕生忠將軍踏上了青藏高原。

嘎斯吉普車沿着黃河河谷駛離蘭州城，坐在後排座上的曹汝楨蟇然回首，隊伍中的嘎斯吉普又多了幾輛，便問慕將軍，如何弄了這麼多輛車。

慕生忠自豪地說：「總理特批的！」

「總理給的？！」曹汝楨驚訝詰問道。

「當然！」慕生忠有幾分得意地笑着說，「去年 12 月青藏公路通車之日，主席和總理特別高興。聽彭老總說，得知青藏公路和川藏公路同時通車那天晚上，主席特意對廚師長揮了揮手，說上杯茅臺，工作人員不解，問主席有何喜事，主席一飲而盡，說高興啦。今年授衛之後，我到彭老總那裏立下軍令狀，要為修建青藏鐵路探探路，老總報告給總理，總理說這回不能讓慕生忠再趕膠輪大車上青藏路了，給他幾輛車吧。所以我們就可以以車代步了。」

曹汝楨頓生敬意：「可是慕將軍，我們選線工程師就是走路的命，靠的就是一雙鐵腳板。」

「哈哈！痛快。」慕生忠笑道，「那好，我就做你們的後勤部長，你們說到哪裏，我就將你們送到哪裏。」

「將軍，整個選線期間，你一直跟着我們？」曹汝楨問道。

「那還用問。如今我們捆綁在一輛車上了，有福同享，有難同當。」

「謝謝！」曹汝楨一臉肅然。

此時，蘭青線的勘測和設計正在進行。西部仍舊一片白雪皚皚，冰封千里，慕生忠帶着曹汝楨一行出蘭州城，沿着當年的唐蕃古道，進西寧城，過湟源，翻越日月山，一路踏勘，逶迤而行。到了文成公主扔碎寶鏡、不再回望長安的地方，有一條道是繼續沿唐蕃古道往東南方向，走共和，過瑪多，入玉樹，越過青藏邊界唐古拉山，抵達西藏的聶榮索縣，最終進入當時藏北的總管府黑河，然後沿念青唐古拉、當雄草原直抵拉薩，這是一條古老的驛道，當年凡從西北入藏，均從此出入。

可是站在日月山頂上的慕生忠，卻遠眺着青藏公路方向，揮了揮手說：「走青海湖北！」

曹汝楨一看地圖，詫異地問道：「慕將軍，這意味着鐵路得穿過德令哈，從百里鹽湖上駛過。」

「是的！」慕生忠點點頭，「曹工，既然公路已經建成，修鐵路就該以公路作為支撐。」

曹汝楨敬仰軍人的戰略目光，但是他不無擔心。過德令哈，就有巨大的柴達木盆地，前邊還橫亙着崑崙山和唐古拉山，這對於鐵路的選線是前所未有的挑戰。他是第一次上青藏，前路漫漫，他不知等待自己一行的將會是什麼。

　　到了香日德，天漸漸黑下來了。乾冽的北風裏挾着漫天的飛雪，不時從剛搭起的棉帳篷的門簾裏吹進來，慕生忠的司機和警衛員把撿來的乾牛糞碾成粉末，用火鐮將其點燃。鍋裏撲哧撲哧地煮着麵條，日月山的海拔已逾 3000 米，沒有高壓鍋是很難煮熟的。警衛員把水壺的蓋子擰開後，遞給了慕生忠將軍。

　　「來一口！」慕生忠痛飲一口，將裝了酒的水壺遞給曹汝楨，「暖暖身子。」

　　曹汝楨搖了搖頭：「將軍，醫生禁止在高原上喝酒。」

　　「信他那個蛋。」慕生忠突然露出軍人粗獷的一面，「高原上不喝酒，那叫男人？喝！」

　　「好，喝！」曹汝楨被將軍的豪邁感染了，選線工程師的冷峻和嚴謹中也摻入了男兒的雄性，他接過來仰頭喝了一口，便乾咳開來。

　　慕生忠躺在被褥上哈哈大笑：「好樣的，有了第一口，就有一千口、一萬口，能練成酒仙。」

　　劉德基和王立傑也傳着喝開了。

　　「慕將軍，我一直捉摸不透，當初你選青藏公路的線路時，為何捨近求遠，不走古代的唐蕃古道，而走青海湖湖北，穿越柴達木，

上崑崙，翻唐古拉。」

「哈哈，曹工，白天瞧你眉頭擰得緊緊，我就尋思着你會追問。」慕生忠抿了一口酒，「其實現在的青藏公路也是一條駝道，當年的蒙古喇嘛進藏學經，都從那裏走。1950 年，我作為西北工委進藏時的政委，帶了幾千頭駱駝走過文成公主進藏的唐蕃古道，沿途地勢相對平坦，但沼澤太多，湖泊星羅棋佈，雪山濃霧籠罩，自然不便汽車通行。」

曹汝楨終於明白慕將軍為何捨唐蕃古道，而選莽崑崙之路了。

「慕將軍，據說你麾下的官兵在選青藏公路線路時，是遵你的叮囑，趕着膠輪大車跨越崑崙，過唐古拉的？」

慕生忠搖了搖頭：「趕膠輪大車走青藏高原不是我的創意，應歸功於彭德懷元帥。1953 年冬天，彭老總從朝鮮回來，我去看他，那時我兼任西藏運輸總隊的政委。運輸總隊共有 26000 多峰駱駝，可是從西北到西藏送一次貨回來死了一大半。我對彭老總說，川藏路一時還修不通，西北方向僅靠駱駝運輸不是辦法，得有公路，我想趕着木輪車上青藏高原，探探在荒原能否修一條公路，直抵拉薩。彭總說，好呀，不過趕牛車過青藏高原，人家會說你是拆下來抬着走的，沒人會相信，還是趕膠輪馬車上山，膠輪車過去，大卡車就可以行駛。我一聽，茅塞頓開。」

「慕將軍，你也像這次一樣跟着走嗎？」曹汝楨認真地問道。

「我沒有去，派的是西藏運輸總隊的副政委任啟明帶隊，我的翻譯頓珠才旦，漢名叫李德壽，也參加了，他是三十多人隊伍中唯

一的藏族人。」慕生忠沉吟片刻,「他們趕着五十多峰駱駝、二十頭騾子、三匹馬、兩輛膠輪大車從香日德出發,就是走我們今天這條天路。他們一邊走一邊用鍬平地、墊路,繞湖北行,上德令哈,過大柴旦,越過鹽湖,到了格爾木。沿南山口上崑崙山時,被一條二三米寬的溝壑擋住了去路,好在探路的隊伍中有位石匠,用了三天架了一座橋,才得以過去。隨後沿納赤臺,上西大灘,直至崑崙山埡口,過了雪水河,極目遠眺,真是莽莽蕩蕩的可可西里。有一天突降大雪,三米之內見不到人影,任啟明和頓珠才旦押後,與隊伍走散了。摸了一個多小時,找到幾捆乾紅柳,點燃起來,在雪地中過夜,兩個人背靠背,被一群荒原狼團團圍住,人與狼相持,只能看誰能堅持到最後,只要他倆一旦睡着,就會成為餓狼的夜餐。一直對峙到天亮,才被聞訊趕來的同伴們救走。到了五道梁,頭痛欲裂,那種感覺就是哭爹又喊娘,難以忍受。過了風火山,更是氣喘吁吁,可是他們仍然執着地往前走,走蒙古喇嘛進藏時的那條路,一直到了長江上游的沱沱河,赤腳蹚過冰河,那雪水冰涼徹骨,然後在風雪迷茫中往唐古拉山走去。翻越唐古拉便證明路完全可以走通,到了安多,再往下過萬里羌塘。1954 年 1 月 23 日,到了黑河,見到了黑河分工委書記侯傑,任啟明給我拍電報說路可以走通時,你們不知道那晚我多麼高興,痛飲了一夜,一醉方休,好久沒有那麼醉過了。」

慕生忠將軍和他麾下官兵的故事,就像一部西北傳奇,聽得曹汝楨、劉德基和王立傑扼腕長歎,擊節而歌。以後每到晚上睡在棉

帳篷裏，雪風驚空敲打着帳篷，他們仰視深邃天穹，幾顆寒星如格薩爾王金鞍上的銀釘般在閃耀，再聽慕生忠邊啜烈酒，邊講戰爭傳奇和西部故事，成了青藏高原每天晚上的帳篷盛宴。要是慕將軍某天晚上酩酊大醉不能講，第二天小分隊踏勘時，便會覺得失落了什麼。

沉醉在慕將軍的高原故事中，曹汝楨三人一路踏勘選線，鐵路的走向和彎道大多選在離公路不遠的地方。終於走進格爾木了，慕生忠揮揮手説：「放假三天，採購補充食物，恢復體力！」

然而，僅僅在格爾木休整了兩天，慕生忠又帶着曹汝楨一行上路了。爬上莽崑崙，海拔漸漸升高了，曹汝楨和另兩位工程師每走一段都要下車目測、選線、畫地形草圖。在極地高原，別説每天要走許多路、登高望遠、涉水過河，縱是躺着也有如下煉獄一般。

越過可可西里和雪水河，「凍土」兩個字突兀地佔據了曹汝楨的腦際，令他困惑不已。青藏高原的地貌對於修鐵路毫無影響，如果不是高原缺氧，其工程的難度遠遠不及內地的高山大江。但是高原凍土卻是一個難以解決的問題。往前行，更是茫茫的一片白雪，分不清是冰河，還是雪野，抑或公路。有一次車陷薄冰和沼澤之中，車輪打滑，怎麼也衝不上土坎，慕生忠將軍一躍跳下車來，脱下自己的棉皮大衣，墊在了車輪底下，大聲喊司機：「踩油門，加大擋位，往前衝。」

嘎斯吉普的發動機吼叫着，終於衝上了路面。望着慕將軍的軍大衣上濺滿了泥，曹汝楨於心不安，慕將軍拍了拍他的肩膀：「曹

工，沒有關係，太陽出來時，曬一曬，撣撣土就好了。」

越過沱沱河，靠近唐古拉，就沒有那樣幸運了。有一天傍晚，吉普車突然陷進了沼澤地裏，即使慕將軍使出渾身解數，也無法將鐵騎從深陷的沼澤之中拉出來，但腦袋卻漲痛得快爆裂了。敢在青藏高原上橫刀立馬的慕將軍此時已沒有脾氣了，他一籌莫展地攤了攤手說：「曹工，待在車裏別動，養精蓄銳，保持體力，唯有靜靜等待！」

「等待？慕將軍，我們在這兒待下去，不是等死嗎？」曹汝楨不無憂慮地說。

「沒事，等待救援。」慕生忠笑了。

「將軍，冰天雪地，茫茫荒原，誰會來救我們？」曹汝楨看着芫野，只有一隻孤獨的神鷹在飛翔，一片茫然。

「會有軍車通過的！」慕生忠望着凝結着自己心血的青藏公路，大將風度地揮了揮手，「警衛員！」

「到！」警衛員跑了過來，「首長什麼指示？」

「馬上到公路上去，有軍車路過就給我截下，叫他們過來救援，把陷下去的車拖出去。」慕生忠胸有成竹地佈置。

左顧右盼，空寂的大荒野上並沒有兵車出現，唯有野狼的狂喘在風雪中長一聲短一聲地恐怖傳來。幾束跳動的綠光，一步一步地向他們逼近，讓人有一種戰栗之感。警衛員操起槍來，準備射擊。

「打個球！」慕生忠踢了警衛員一腳，說，「給我省點子彈，好打黃羊解饞。別看野狼兇，人不傷它，它不傷人。」

於是一群人只能蜷曲在車上，膽戰心驚地看着野狼巡弋而過。

直至深夜，半山坡突然有一晃燈火一閃一亮的，像南方夏夜村場上的螢火蟲。慕將軍一躍而起，大聲喊道：「有救了！」

一隊兵車漸次逼近，最終發現了他們，才將踏勘小分隊救了出來。

半個月後，車進拉薩城，最後一段鐵路線路的初選勘測結束了，慕將軍忐忑不安地詢問曹汝楨：「曹工，請告訴我結果吧。」

曹汝楨歷數了一大堆凍土難題，似乎尚未觸及結論性的話題。慕生忠有點沉不住氣了，單刀直入地説：「曹工，我是個粗人，不知道那個凍土理論，別給我繞圈子了，長話短說，你就告訴我一句話，青藏高原上修鐵路到底行還是不行？」

「行！」曹汝楨斬釘截鐵地回答。

「好！我就要你這句話。」慕生忠激動地彈了起來，「今天晚上我請你吃羊肉燴麵。」

曹汝楨一行三人返回蘭州後，口頭向院長彙報初步勘測結論——青藏高原可以修鐵路。隨後又寫了考察報告。

2002 年 9 月 15 日下午，我在蘭州鐵一院的曹汝楨家裏採訪，已經耄耋之年的曹老慈眉和祥，臉上密佈的老年斑似乎都隱藏着風雪高原的故事，可是他談得最多的仍然是早已故去的慕生忠，吁噫嗟歎：「慕將軍可是一個豪爽之人，嗜酒，海量啊，身上的血性與酒一樣清醇剛烈。可以説他是青藏公路和鐵路第一人，功不可沒，我們不該忘記喲。」

# 空山雖冷情未冷

　　青藏鐵路上馬之後，將近八十歲的周懷珍老人讓徒弟孫建民陪着自己去了一趟風火山，一則是去祭掃那些埋在風火山的老友，一則是為中央電視臺拍攝一個節目。據說，那天老人站在風火山上，遠眺着青藏鐵路的路基從自己住過的小屋前橫亘而過，居然像個孩子一樣失聲痛哭，喊着四十多載守山犧牲的工友的名字，長跪不起，任老淚縱橫。

　　一個情感早已經像寒山一樣冷卻的老人，如此動感情，像冷山冰殼下深藏的岩漿一樣，到底蘊藏着什麼樣的感情？！

　　那天，蘭州城裏天高雲淡，周懷珍老人坐在我的對面。

　　金城的秋陽斜了進來，映在他紅潤的臉龐上。他恬淡地笑着，說：「我只是風火山上的一個守山人，沒有什麼好談的，你們應該採訪西北院的凍土專家和科技人員。」僅僅一句話，我便覺得前面兀立着一座山，一座軀殼溫婉內心卻蘊含着冰土和烈焰的冷山。

　　「抽煙嗎？」老人非常禮貌地詢問我。

　　我搖了搖頭，笑着婉謝。

他雙手劃火柴點煙，手卻有點笨拙。

我循着劃火柴的地方望去，只見他雙手手指第一關節已經突兀，似已殘疾。

「周老，您的手指？」我好奇地問道。

周懷珍淡然一笑，說：「當年在風火山取凍土數據時，不小心掉入雪坑裏，一時爬不上來，就凍壞了指關節。」

輕描淡寫的一句話，便讓我有肅然起敬之感。

「那您就從手談起吧。」我說。

「這些都是一堆陳芝麻爛穀子，你也感興趣？」周懷珍反問道。

我點了點頭。

「那年風火山的雪真大啊！」周懷珍老人的思緒沉浸於那一片冷山無邊的風雪之中。

雪落青藏，千山一片寂靜，楚瑪爾平原上只有雪風長驅。平時在中鐵西北院風火山觀測站門口轉悠的雪狼也不知蜷曲到哪裏去了，少了它們在夜色中的長嚎，風的尖嘯缺乏伴奏的和聲，日子就顯得枯燥而又單調。又到了每天「828」觀測和取樣的雷打不動的時候了，上午 8 點，下午 2 點，晚上 8 點，風火山觀測站的幾代守山人，從未缺失過一個觀測數據。

那天已是風雪黃昏，飛了一天一夜的狂雪，仍不肯停歇，風火山靜默在一片混沌之中，夜的黑帳正從遙遠的楚瑪爾平原落下，周懷珍穿上皮大衣準備出門，新分來的徒弟孫建民說：「師傅，雪這麼大，還是等明天雪停了再去吧。」

周懷珍搖了搖頭，說：「這是風火山觀測站第一代人定下的一條鐵律，我當時舉過手，發過誓，『828』雷打不動，縱是下刀子也得去。」

孫建民說：「那我陪師傅去。」

周懷珍說：「外邊太冷，你初來乍到，還是我一個人去吧，路熟，一會兒就回來了。」

掀開厚厚的棉簾子，周懷珍的身影鑽入了風雪漫天的絕地裏。最遠的數據觀測點在一公里多遠的對面半山坡的路基上，要穿過河谷，再爬上一片山坡。四野茫茫，長驅的漠風吹得雪霧彌漫，他驚歎這天的落雪，將風火山的溝溝壑壑、山山嶺嶺化成了一片如蒸在籠屜裏的白饃。周懷珍朝着莽原走去，一步一步地走入曠野之中，終於找到了幾個數據點，照表格所需，抄下了一行行數據，轉身再往回走時，天已經完全黑下來了，深一腳淺一腳，四處是雪，不知何處是坑哪裏有溝。正往山下走的時候，突然一個跟頭，摔進了雪窩裏，一下子被雪埋到了胸部，一點也動彈不得。他想喊，可是這裏離觀測站房子還有幾百米遠，雪風又大，誰也不會聽見的。遠眺着黑夜像一隻棕熊張開饕餮的大口，欲將風火山吞噬而下，一個命運的長夜悄然降臨。

守望風火山二十載了，自己最終也會凝固和葬身在風火山的冰雪之中嗎？

回望自己留在風火山雪野上的足跡，周懷珍的一生，似乎都是與凍土連在一起的。

這個出生於甘肅天水的漢子，於 20 世紀 50 年代中期招入當時的西北設計分院當了一名普通的測量工，所從事的工作就是扛着棱鏡拉鏈子、擺鏡子，讓一條條開往西部的鐵路從自己的腳下走過。隨後他參加了德令哈到海堰專線的定測。1958 年青藏鐵路第一次定測，他就跟着蘇聯專家搞地質普查，首次發現了在冰層之下存在着一個永凍層，但是範圍有多大，究竟有多深，誰也不知道，只知道冰層以下三四米就是凍土層。於是他們就在風火山鑽孔，鑽了七十多米，仍然是千年凍土層，第四普查隊則在唐古拉打了一個兩百米深的孔。蘇聯專家早晨開車上山，晚上再回格爾木，一看從孔中取出來的冰塊，便驚歎道：「你們這個凍土，我們蘇聯大地沒有，西伯利亞的凍土是高緯度的，也是季節性的，而中國卻是高海拔低緯度的。永遠的凍土，全世界絕無僅有。」

　　蘇聯專家走了，中國人研究凍土的觀測站卻在風火山上矗立起來。周懷珍剛從鐵一院調到鐵道科學研究院西北研究所，就上了風火山觀測站。

　　周懷珍與王建國、李建才坐在一輛蘇式卡車上，從蘭州出發，顛顛簸簸地沿着慕生忠將軍開拓的青藏公路和有路無路的荒漠走了四天三夜，從夢幻般的青海湖一掠而過，越大柴旦，過鹽湖，抵達崑崙山下的最後一座城市——像一個小鎮般的格爾木市，然後朝着天路上崑崙，往格爾木以南三百公里外的風火山緩緩駛去，從拂曉時分一直走到了夜晚，頭痛欲裂，胸悶嘔吐，凡此種種下地獄的感覺都經歷了，支幾頂棉帳篷，就開始了在風火山守望的日子。第一

任負責人是一個叫宋銳的工程師，他一般是開春之後的5月份上來，到10月份就下山了，將風火山一個漫漫冬季寂寞的日子留給了周懷珍和他的兩個同事。

可是沉默的風火山似乎不再寂然，對於突如其來的闖入者並不歡迎，突兀地做出了過激的反應。有一天下午，住在棉帳篷裏的周懷珍去測試點觀察取樣，只見荒原上斜陽正在天邊做着無數次重複的滑翔，戀戀不捨地朝着荒原的盡頭墜落，晚風吹過，飄來一團雲簇，似是被太陽燒成了瓦灰色，飄蕩到了風火山頂上，卻不見下雨，厚厚的雲團之中，驀地撕裂一道雲罅，先是一道藍色的弧光劃破荒原，繼而，一個悶雷轟隆一聲，一道閃電撕開黝黑的穹頂，拋下一團團粉紅色的霹靂火，像燃燒的鐵環滾動一樣，一個接一個從風火山滾了下來，一下子將周懷珍嚇得趴倒了，喊道：「媽啊，這不是二郎神踩着火球從天上下來了嘛！」滾地雷從風火山頂上一個接一個滾了下來，燒焦了的一片片青草，如一條黑色的綬帶掛在風火山的山坡之上。

周懷珍覺得這是楚瑪爾荒原上的一種奇異之兆，他詢問過無數的氣象地質學家，他們卻沒有給他一個滿意的答覆。

住了多年帳篷，到了1966年風火山的房子蓋起來時，終於可以有磚砌的房子住了。過了一個冬季，到了夏天，房子靠灶的一角突然陷了一個大坑，而另一邊則脹了起來，此消彼長，冰錐幾乎將房間給頂翻了，屋子發生了大面積的裂罅。直到1974年改為通風管道做地基，所有的房子都蓋在了一排排空心的通風管道之上，才

使風火山上的房子一勞永逸地固定了下來，任憑地震、滾地雷、凍土熱融、冰脹，都對其無可奈何了。

冬季來到了風火山，日子漫長而又寂寞。風火山觀測站兩邊道班三分之二的人員都輪換下山了，唯有周懷珍他們三個要守着風火山。從這年的 10 月一直到來年 5 月，不會有人上來，此時的青藏公路上，來往的車輛也就稀少了，除了一兩週可以看到總後兵站部的兵車南行外，整個冬天幾乎看不到人影。青菜運上來雖說要吃過一個冬天，可幾天之內就爛完了；吃不到一點青菜，每天就是蘿蔔乾泡飯。有一年冬季，煤燒完了，他們向道班去借，道班上的煤也耗盡了，他們只好扒開積雪，拾牛糞來取暖。而此時風火山的地表溫度已下降到零下 30℃，區區一小堆牛糞，只能給屋裏帶來一絲絲暖意。

煤沒有了，嫋嫋炊煙不再，雪狼便悄然而至。那個冬天，道班上的工人狩獵時，打了一匹野馬，將吃不完的野馬肉掛在房樑上，血腥味兒隨着季風飄散，雪狼聞血而來，可風火山觀測站和道班院子的土圍子都沒有門。夜間，風火山死一樣寂靜，七匹雪狼大搖大擺地走進院子，狼眼中閃爍的綠光，如鬼火一樣在夜色中跳蕩，飄來飄去，餓狼淒厲的長嗥尖嘯聲傳了過來，似在啃齧着房子的門窗，讓屋裏的人戰栗。夜間上廁所需要走出房子，穿過院子前庭，走一百多米，顯然要橫穿狼群而過。周懷珍叮囑兩位同事，出去上廁所時三人要一起，其中兩人手持槍桿趕着狼，另外一個才敢進茅廁方便。那群惡狼白天蟄伏在院子外邊的山上，晚上悠然地走進來，

在道班和風火山觀測站附近一直圍了四天四夜，野馬肉的飄香令其垂涎欲滴，直到飄香散盡，它們連一碗殘羹也未得到，才悻悻然離去了。

蒼狼似乎走遠了，其實只是潛伏在離風火山不遠的地方，在尋找機會。一個日暮黃昏，周懷珍與王建國一起去一個鑽孔裏取觀測數據，也許太專注了，他們並未發現鑽孔旁邊佇立着兩隻雪狼正虎視眈眈地注視着他們，隨時準備等他們露出破綻，然後撲上來。但是雪狼也有恐懼感，畢竟從未與人類有過真正的紳士般的決鬥，人類手中的利器，讓其不敢貿然出手。可今天兩人手中卻無那黑洞洞的家伙，周懷珍還未抬起頭，王建國已經驚叫了：「周師傅，狼，狼，狼……」

「狼在哪裏？」周懷珍抬起頭來。離鑽孔只有三米遠的地方，佇立着兩隻蒼狼，人與狼對峙着，狼有利齒，而周懷珍他們手中只有一支筆一張紙，環顧四周，連個防衛的土塊都找不着。一場勇氣與毅力的博弈已悄然展開，只看誰最惶惑，露出破綻，給對方以可乘之機。

「嗷！」周懷珍拉着聲音吆喝着、驅趕着，那色厲內荏的誇張神情，最終竟將蒼狼嚇住了，怏怏而去。

周懷珍與王建國虛驚了一場。回到風火山觀測站時，背脊上的汗水都滲出來了。

…………

黃昏將逝。而今天掉入雪窩的周懷珍卻孤立無援了。他有點後

悔，當時應該叫徒弟孫建民跟着自己一塊兒上來的。現在茫茫雪原，
孑然一身，如果像那天與王建國在一起時一樣碰上雪狼，那真的就
葬身狼腹了。

周懷珍覺得意識在一點點流失，謝天謝地雪風將他凍醒了，唯有
自救，方可活命。他摘下了手套，將身邊的雪一點一點地扒開，為自
己挪動身子開出一條雪道。可是此時的風火山氣溫已經驟降至了零下
30℃，赤手扒雪，不啻是將手讓鋒利的銳器割下。剛開始手凍得發紅、
發脹，後來則麻木了，等半個小時後周懷珍為自己扒出一條生路時，
他雙手的指關節全都凍僵了。回到宿舍，也沒用任何醫療設施，等
過了幾天到沱沱河兵站要藥時，指頭已畸形，恢復無望了。

春天來了。灰頭雁從天空中掠過，一片片羽毛翩然而下，是帶
來家鄉的消息吧。5月，鐵科院西北研究所的科技人員上來了，這
時周懷珍他們三個人才終於可以輪流換下去休幾天假，到蘭州的家
裏處理點事情。

妻子是一個能幹的女人，看到守山的丈夫回來了，像一個野人，
連說話都不利落了，還凍壞了雙手，淚水嘩地出來了。她做了滿滿
一桌菜，到街上買了老白乾，給丈夫接風。這時在風火山從不流淚
的周懷珍熱淚縱橫，抱愧地說：「對不起啊，嫁了我這個守山郎，
真的做了牛郎織女了，孩子你拉扯着，就連買米買煤的事情，我都
幫不上啊。」

一看丈夫落淚了，周懷珍的老伴倒不哭了，她給自己斟滿了一
杯酒，說：「孩子他爹，我不知道你在風火山上做什麼，但是能在

那荒無人煙的地方守二十多年，你是個真男人。我這輩子嫁給你，無悔也無怨。」

「謝謝！」一個普通家庭婦女的話，讓周懷珍動情動容。在家小住了幾天，他又上山去了，此去又是經年才返。

孫建民是 1978 年被師傅周懷珍帶上山的，那年他剛好二十三歲。跟着師傅守了八年的寒山，當了八年的光棍，他真的有點受不了那份懾人的寂然和孤獨。1986 年的一天，他實在忍受不住了，覺得自己再待下去就會瘋了，就悄悄地瞞着師傅，截了一輛車逃回蘭州去了。

三個月後，師傅突然找到蘭州來了，一見面便是道歉，說：「你當了風火山的逃兵，不是你的錯，而是我周懷珍的錯，我對你關心不夠。」

師傅這麼一說，孫建民反而感到不好意思了，臉色一片赧然，說：「對不起師傅，我辜負了你的厚愛。」

周懷珍搖了搖頭說：「是師傅做得不好，師傅對不起你和你的家人。不過，我觀察了西北所那麼多年輕人，能從我肩上接過風火山站長擔子的，只有你。」

孫建民驚訝地說：「師傅，我可是風火山的逃兵啊，你還未將我逐出師門？」

「年輕呀，誰不會犯個小錯，動搖一下。再說你在風火山已經度過一個八年抗戰了，已經了不起了。」

「可師傅您守了二十多年，從壯年守到了老年啊，我八年算什

麼。」

「建民啊，守山並沒有什麼意義，在那些平淡的日子裏我們留下的一百多萬個風火山的凍土數據，才是最有價值的，等有一天列車從風火山穿越而過的時候，你才會覺得我們今生今世沒有白活。這才是師傅一輩子守山的價值。」

「師傅，我錯了，我跟你上山。」孫建民熱淚縱橫地説道。

一個老人與一座寒山。周懷珍守到六十歲的時候下山了，前後加在一起，他在風火山上守了二十二年，而他的徒弟孫建民則守了二十七年。

2001 年，當青藏鐵路開工之際，近八十歲的老人周懷珍被中央電視臺請到了風火山，當主持人問老人有何感受時，周懷珍激動得泣不成聲，説：「青藏鐵路終於上……馬……了，我有幸活着看到了這一天，可是我們許多兄弟卻沒有看……到……啊！」

# 祭山祭父祭心

王耀欣從懂事起，誰跟他提父親的事情，他就跟誰急，在他少年的記憶中，父親的形象早就被他想方設法徹底格式化掉了。

血濃於水的親情，真的能夠忘卻嗎？王耀欣說：「我就是要忘掉我爸爸，那是一個無情無義的家伙。」

那一年父親王占基從風火山下來，查出患了癌症，已經時日無多，可王耀欣一點也不關心，毫無心傷之感。父親撒手人寰時，在最後送父親的追悼會上，他也無動於衷，連眼淚都沒有流過。

「這狼崽子，」父親的同事搖頭說，「對父親一點感情也沒有。」

「呸！敢說我沒有感情，問問他吧。」他指着父親的遺像，斥責道，「你像父親嗎？配做丈夫嗎？」

父親王占基原是鐵科院西北所凍土室的黨支部書記，後來又做了副所長，可是在兒子的印象中，父親心中只有「凍土」兩個字，而沒有婚姻、家庭、妻子、孩子，這些連接成血水相依的親情，都被他身上從風火山挾來的漠風寒雪凍土給凝固了。他像一隻候鳥似的，春天一縷暖風剛融化黃河上的凍冰，他便像嗅到春訊一樣，獨上崑崙冷山行，一直待在風火山上，直到來年春節鞭炮聲在蘭州城裏響起，才會風雪之夜除夕歸。家裏的事情什麼也指望不上他，全靠從北京城遠嫁邊域的母親張羅。所以孩子的讀書、工作，統統都給耽誤了。

王耀欣毫不掩飾對父親感情的疏離。他覺得父輩這代人真可笑，一代虔誠的理想主義者，在風火山守望了二十載還嫌不夠，1980 年病入膏肓，癌細胞從胰腺上轉移全身，惡魔般啃噬他的骨骼，疼得他臉色蒼白，冷汗簌簌地往下流。所裏的領導來看他時，

他不交代家裏的後事，不詢問孩子如果考不上大學如何生存和工作，居然關心的是風火山周懷珍他們還有什麼困難，還樂觀地説1978年青藏鐵路下馬只是暫時的，總有開工的一天，可惜他看不到了，最後請求單位的領導，等他死了以後，將他的骨灰葬在風火山之上。生看不到列車駛過風火山，死也要聽到列車穿越時的長鳴。

葬於冷山之上，竟然是父親留給這個世界的最後遺言。送別父親的時候，王耀欣一點離淚也沒有。母親好傷感，説：「你這個小子，真是一隻白眼狼，父親養育了你，你咋一點感情也沒有！」

王耀欣説：「我哭不出來。我説這句話，也許媽媽會痛斷肝腸，其實父親是一個不負責任的男人。是的，我承認他對得起那片凍土，無愧風火山的兄弟們，但他不是一個稱職的丈夫，也不是一個合格的父親。我絕不會再走他的路！」

母親聽了以後，不啻是一場青藏高原造山運動般的摧毀。

這場摧毀似的疼痛一直疼了二十載。2001年的夏天，就在青藏鐵路正式上馬時，《中國鐵道建築報》的朱海燕帶領我們一行叩響了王占基家的門，只聽屋裏傳來了一個蒼老的聲音：「誰啊？」

「是我們，北京來了一班作家記者要採訪你。」

「哦！北京老鄉來了，請稍等。」屋裏的京腔圓潤，可是我們等了一刻鐘。在那漫長的等待中，朱海燕感到了蹣跚的步履好艱難。終於門咯吱開了，一個面色蒼白、像麻稈一樣瘦削的老太太站在我們跟前。

「您就是王占基的夫人？」

「是啊，有什麼不對啊？」

「沒有，還以為找錯了。」

「沒有錯，我那冤家已經走了二十年，留下我這個孤老婆子，空守日子。」

「那好，我們專程從北京為王占基而來，可以跟你談談嗎？」

「當然，請進！」

跟着老太太進去了，望着她紙一樣薄的身軀，驀地覺得一陣風就可以將她吹倒。

剛落座不久，突然有了旋轉鑰匙的聲響。王耀欣匆匆地回家了，見家裏多了幾個男人，感到幾分突兀。母親説：「這是北京來的作家記者，專門來採訪你爸爸的。」

「我爸爸不要作家、記者，不要宣傳。人都死了二十年了，宣傳什麼？這樣的世道，宣傳有何用，我早就看淡了。」王耀欣流露出不屑一顧的神情。

「耀欣，你應該感到驕傲，你有一個了不起的爸爸。」陪同的人道。

「我爸爸，別再提他，我恨他。」王耀欣冷漠地説。

我們皆一頭霧水，不解地問：「為何恨你爸爸？」

王耀欣吸了一口煙，説：「作為一個爸爸，對我們一點責任都沒有盡到。其實最偉大的是我的媽媽。」

「哦！」眾人皆悚然一驚，説，「你媽媽如何偉大？」

王耀欣説：「我媽媽不僅把她的丈夫送上了高原，也要讓我上

高原。知道嗎，我馬上就要到風火山上的中鐵二十局當質量監理了。」

「你願意去嗎？」

「咋說呢，如果從掙錢的角度，我想去。」王耀欣猶豫了片刻，說，「假如從生命質量的角度，我不想去，我不想重複父親英年早逝的悲劇。」

我們每個人的心靈都被震顫了，這樣的一個家，父子之間竟然迥然不同。

朱海燕笑着說：「我只是為一個葬身在風火山的英魂而來，因為他是四十年間中鐵西北研究院的一面旗幟，一縷忠魂，至今仍在風火山上飄揚。」

「那你與我老媽談吧，我對父親的故事和風火山的話題不感興趣。」王耀欣站起身來拂袖而去。

於是，我們面對着王占基的未亡人，等着從北京城遠嫁蘭州的姑娘吳文英，一個垂垂老矣的老嫗，如何評價她的丈夫。

「我最恨他！」吳文英的第一句話便讓所有人怔住了。

「你們不要驚訝！」吳文英平靜地說，「我們結婚生孩子，他沒有管過我，當時我身邊只有五元錢。後來，家裏有錢時，他支援災區，支援風火山的工人。1980 年他死的時候，我才四十四歲，他卻棄我而去。我恨死他了，在風火山上，狼吃了他我也不去。我不是為他，不會落下這身病。剛才我為何那麼慢給你們開門，因為我有嚴重關節炎，剛才是跪着爬過來給你們開門的，你們別見笑啊。」

聽此，我們的淚水唰地流了出來。

風火山上，親人流盡的淚水可以凝成冰山，可是卻在青藏鐵路開工後的那個秋天漸次融化了，融成一片親情恩愛的熱山。

王耀欣是這年夏天從蘭州到風火山上當質量監理的，那完全是母親的意思，年輕時既然可以將丈夫送上山，晚年為何不讓兒子去。恩愛情怨皆為了一座山。也許是鬼使神差，上山那天，他去文具商店裏買了一臺望遠鏡，別人問他為何帶一臺望遠鏡上山，他說是準備遠望藏羚羊和楚瑪爾平原上的蒼狼。

監理點所在的地方，可以遠遠地看到中鐵西北院守候的風火山，每天傍晚下班後或者早晨上班之前，他總要打開望遠鏡的鏡頭，遠眺風火山的主峰，欲在那山坡上尋找什麼，卻一直很失望，兩三個月了，拉到眼前的鏡頭裏總也沒有一個隆起的土丘。每天的遙望卻一直找不到他想要的東西，一份親情，一份血濃於水的父子之情。但他仍然執着。一個日暮黃昏，他換了一個角度，在寒山落照中，一抹彩虹突然出現，彩虹的盡頭是一個荒塚，那一刻，他的心都快要蹦出來了，是它，是老爸的墳，確鑿無疑。

但是遠望爸爸那凍土相掩的小屋，王耀欣卻遲疑了。

然而，他還是決定走近風火山，走近已經葬身凍土二十年的爸爸，弄清楚究竟他是以怎樣的魅力和人格被人記住的。

最讓風火山人難忘的是 1967 年，十年內亂的淒風苦雨風湧神州大地，因為派系鬥爭，所裏似乎將風火山上的周懷珍他們忘卻了，已經四個月不送補給了。菜早就沒有了，只剩下少量的麵，從納赤

臺拉來的水早已告罄，只好吃融化的積雪之水，人的身體受到了極大的傷害。王占基聽到後拍案而起，不顧造反派的反對，毅然帶着車隊，將糧食蔬菜和飲用水送到了風火山上，拯救了四條瀕臨危亡的生命。他在山上幹了五個月，直到 10 月飛雪，將所有的資料都拿到手了，然後拉回蘭州封存，將風火山珍貴的凍土研究資料保存了下來。

第二年春天來了，王占基早已厭倦了「文革」年代的內鬥，唯有上青藏高原才能獲得心靈的安靜，唯有風火山的凍土才能化盡一個狂熱年代心靈的躁動。打鑽孔、炸凍土坑，他親自插雷管、放山炮，為搶救和保護風火山七年來的資料而盡自己的綿薄之力。

也許是因為在風火山住得太久，一住就是二十載的時光，年年歲歲，他一住就是八九個月才下山，常年的風雪之寒，使他的身體已經耗盡了最後一點膏血。1980 年，當改革開放的新時代向他走來時，他已身染沉痾，時日無多了。彌留之際，他對來看他的院領導說：「我一生最遺憾的事情，就是活着看不到青藏鐵路穿越風火山的那一天。我死後，請將我的骨灰埋在風火山的主峰，我要看着列車從我的腳下通過。」

按照他最後的遺願，鐵科院西北所的領導將他的骨灰一半埋在了風火山之巔，另一半安葬在了蘭州的公墓裏。

也許是在風火山當了監理的緣故，經歷了缺氧胸悶和高原反應的王耀欣才漸次讀懂了爸爸那一代人的不易，他們沒有氧氣，沒有從格爾木拉來的半成品副食品和揀淨的素菜，更不敢奢望在風火山

設高壓氧艙，完全是用生命之軀與惡劣的自然環境相搏，最後戰勝了自然，融入了自然。對於這代人的理想主義情結，他由衷陡生了一種敬意，一種英雄主義的高山仰止。

那個星期天，輪班休息的王耀欣蹚過沒有路的荒原，朝着這座冷山走去，終於站在了那堆土丘前。隔着一個寒涼的世界，他在父親的墳前驟然長跪不起，未語淚已先流。「爸爸，從少年時代起，我就想走近你，你卻拒人千里之外，在千里之外的風火山，你心中除了這座寒山，再沒有媽媽和我。我那時感覺你像風火山的凍土一樣堅硬冰冷，我一直恨你，拒絕你。可是當我在風火山上生活後，我終於真正讀懂你了。我好悔啊，風火山並不遠，也不高，我卻走了整整二十年，才走到你的跟前。對不起爸爸，原諒我是一個不孝的兒子。」

2002 年 8 月 8 日，就在世界第一高隧風火山隧道即將貫通之際，王耀欣根據母親的提議，從風火山返回蘭州城，將爸爸的另一半骨灰背回了風火山，讓一個完整的靈魂，永遠雄臥在冷山之巔，看着火車從自己的腳下駛過。

中鐵二十局青藏鐵路指揮部指揮長況成明聽說王耀欣要為爸爸重新刻一塊墓碑，說：「王所長是風火山上的功臣，這塊墓碑，就由二十局為他掏錢製作吧。一定做得氣派高巍，體現我們後代對老前輩的尊敬。」

王耀欣沒有拒絕。

立碑安葬那天，風火山風和日麗，蒼穹之上，一片蔚藍，一簇

簇白雲染着斜陽，化作一片七彩的雲霞掠過天空，只為一縷忠魂而舞。王占基的兩處骨灰合在了一個新的骨灰盒裏，中鐵建青藏鐵路指揮部、中鐵西北科學研究院和中鐵二十局青藏鐵路指揮部等眾多單位參加了這一隆重的儀式，墳前祭燒的冥紙化作一隻隻黑色的蝴蝶，縈繞於墳前不散。

王占基不幸，死於壯年。

王占基有幸，父子兩代人都在風火山留下了自己的一段歷史，一段等待列車越過山嶺而來的歷史。

祭山祭父祭心，王耀欣實際上是在祭自己的青春，悔啊，再沒有經歷過父輩們那樣激情如火的年代。

# 風火山凍不僵的如焰激情

天漸漸陰下來了，雪後的風火山一半陰着，一半晴着。

隨我一起採訪的攝影記者，都擁向風火山隧道去拍照，唯剩下我，還在與孫建民有一搭沒一搭地聊着。一個年輕人帶着一條狗，守着一座風火山，一守便是二十七年，比師傅周懷珍還多守了五年。每天的日子就是蟄居在風火山上，身後默默地跟着一條黑狗，遠眺

日出日落，風起風靜，雪落雪止，日復一日。重複的勞動就是抄着各種觀測數據，然後數着自己每天的時日，一數就是二十七載啊。有關一個男子的青春期的躁動、情感、婚姻、家庭，都被這座冷山冰封了，要打開它，該需要怎樣的採訪功力？

黃昏漸次落下來了。

第一次見到孫建民時，風火山烏雲籠罩，天空好像要飛雪了。我說在蘭州見過他的師傅周懷珍，周師傅要我代他向弟子和風火山的堅守者問好。聽到此，孫建民眼眶有點紅了。或許人到了高海拔的生命禁區，情緒容易激動，又或許千里捎來的問候之語，確有無邊親情，觸摸到了孫建民情感最脆弱的一隅。

「看看你和職工住的地方？」我突兀地提出了一個要求。

孫建民苦澀一笑，說：「我可是二十七年沒有在風火山洗過澡，那味道你受不了。」

「男人嘛，味道就該特殊一點才與眾不同，那才叫男人。」我揶揄道。

「哦！」孫建民轉身回望了我一眼，有點訝然。

不過，走進孫建民的房間，我所有的心理準備都在一瞬間坍塌，一股難以抑止令人作嘔的異味迎面撲來，既有剛進藏包時濃烈的膻味，還有很久不通風的腐蝕味混雜其間，再加上衣服久不洗濯的油膩味，一個剛踏進去的人，哪怕多待幾分鐘都會被窒息。

偌大的房間空空如也，有個氧氣瓶擺在牀前，房間裏除了睡覺的牀，幾乎沒有別的東西，像桌子、牀頭櫃、沙發、衣櫃什麼的，

與家的溫馨有關的東西，似乎都與風火山無緣，可是孫建民卻將觀測站視為家，在這裏待了二十七年。

退出他的房間，我們找了一個小會議室坐下來。我單刀直入進行採訪，詢問的第一個問題讓他有點愕然：當初為何當了風火山的逃兵，跑回蘭州待了三個月，並不想再來了？

孫建民愣了一下，回答卻大出我所料：「想女人！」

看着我驚訝的神情，他突然有點痛快的感覺，然後話題委婉一轉，說：「作家，決非我故弄玄虛，我說的是大實話。那年我都三十了，在風火山上守了八年，一個八年抗戰啊，還光棍一條。再待下去，恐怕要在風火山上做和尚了，所以我不告而別，搭着青藏兵站部的軍車，先逃到格爾木，然後再逃往蘭州。我當時連頭都不回一下，發誓不再回風火山。已經對得起自己的良心了，畢竟我將一個男人最美好的青春都擲在這座山上了。」

「後來怎麼又上來了？」我反問道。

「感動！」

「為何感動？」

「過了一些日子，周懷珍師傅從風火山上找來了。他一見面就向我道歉，說：『對不起啊建民，我這個師傅不合格，只會將你當作風火山的一頭犛牛使，對你的個人問題關心不夠。找對象的事情，我發動大家都來給你做紅娘。』」孫建民似乎沉浸在一段早已經褪色的往事中，說道。

我禁不住捧腹笑道：「周師傅也夠爽快的。」

孫建民感激地說：「他那個熱情勁，整個就是我們西北人的古道熱腸，恨不得將自己的心都掏給你，還嫌不夠。他把單位裏的老老少少都發動起來了，只一句，幫我的徒弟找對象。」

「對象找到了嗎？」我好奇地問道。

「找對象又不是到市場上買東西，看中了就能成交的。」孫建民的目光投向了窗外的風火山。

「那你為何還是跟着師傅上山了？」我急於想得到一種答案。

「師傅帶我去看了兩個人。」孫建民已經平靜得多了，說，「那兩個人的事情，讓我最終懂得了什麼是風火山人。」

「請你詳盡談談！」我覺得掘到了一口風火山的深井，像情感的凍土一樣，掘到底可就是青藏高原地心裏的烈焰。

孫建民點了點頭，思緒重新回到了當年。

那個蘭州城的血色黃昏中，師傅帶着徒弟相了一個又一個對象，對方一看小伙子一表人才，工作又是鐵路上的，很是滿意，但一聽要常年在風火山上守山，對方就不幹了，他們悻悻而歸。兩個人從外邊走到了鐵科院西北研究所的大門口，師傅指了指蹲在門口修自行車的一個人，問：「建民，你知道他是誰嗎？」

孫建民搖了搖頭，說：「不知道，我只聽別人說他是啞巴。」

師傅的語氣很平靜：「他是我們風火山上張子安的兒子，老張與我在風火山守山觀測凍土有好多年了。」

「師傅，你說修自行車的啞巴是張子安的兒子？」孫建民反倒驚詫萬狀了。

「是啊，」師傅說得非常肯定，「你聽別人講過他兒子是如何變啞的嗎？」

孫建民搖了搖頭，說：「我一參加工作就跟着師傅上山了，與張老鐵人在一起，他從不擺家裏的龍門陣。」

說起門口這個啞巴，師傅的心情一點也輕鬆不起來了。

「那是一個很遙遠的故事。當年我與張子安，就是被稱為張鐵人的，在風火山收集觀測數據，大伙最盼望的事就是送東西的車子上來，四五個月來一趟，不但有米有菜有肉，最重要的是在每個男人心情快要崩潰時，會收到一封家書，一封慰藉心靈的家書。張子安老家在四川，媳婦是鄉下的，他先收到的一封信上說一歲的兒子病得好厲害，身子燒得像個火球一樣，哪樣辦法都想盡了，就退不下燒，讓他請假早點回來，帶到縣城或者地區的醫院看看。信很短，盡是錯別字，是猜着讀的。但意思明白了。再後則是兩封十萬火急的電報，一封說兒子病情危險，命在旦夕，再一封說兒子死了。老張讀着讀着便坐倒在地上，眼淚落下來了，傷心欲絕。男兒有淚不輕彈，一旦傷心，就像風火山的棕熊失去愛子一樣地悲號。未接到家書的人開始好失落，一看張鐵人這樣，反倒慶幸自己沒有收到信。

「到了夏天，勘測和科研的大隊伍上山了，張子安有個把月的假，回老家去看看妻子和爹娘。剛跨進家門，只見一個孩子在咿咿呀呀地叫，妻子出來了，他問這是誰家的孩子，妻子說是我們的兒子啊。張鐵人問：『我們的兒子不是死了嗎，怎麼變成一個小啞巴

了？』妻子抹着眼淚說：『子安啊，你咋搞的，給你寫信拍電報，就沒有一點音信，孩子在我懷裏死了，我就找來了一個木盆，把他放了進去，抬到家門前的這條江裏，他爸爸就守在江的源頭，喝的都是同一條江水，生不能父子相聚，魂總可以溯江而上吧，找他的父親去吧。剛順水漂出不遠，婆婆於心不忍，撲到江水中一把抓回了木盆，將小孫子抱回來，放在竹牀上。也許命不該絕，第二天早晨居然活過來了，卻成了一個啞巴。』

「『兒子！爸爸對不住你。』張子安將兒子摟在懷裏，親了一個遍，嚇得小啞巴哇哇亂叫。啞巴沒有上過學，長成少年時，張子安將他們母子接到了蘭州，讓他跟着修自行車的老闆當伙計，幹了許多年，現在自己也能謀生討口飯吃。

「你知道嗎，有一年大雪將風火山住地的屋門凍住了，怎麼也推不開，快到 8 點鐘正式觀測的時間了，張子安抱着儀器，穿着棉大衣從窗子裏滾了出來，他說，哪怕天上下刀子都要觀測啊。」

張子安離自己那麼近，孫建民卻沒有想到他的故事居然像繞過風火山的高天流雲、長江大河一樣，讓他震撼不已。

走進了西北研究所的家屬院，周師傅說：「建民啊，我還想再帶你去看一個人，一個小女孩。」

誰家的小女孩？孫建民茫然不解。師傅真是與眾不同，像翻閱一本風火山的歷史話本一樣，帶着他一頁一頁地走進這些人的情感世界。

周懷珍告訴他是風火山上的第三任站長朱良恩的女兒。人家老

朱可是文化人啊，自南京的大學畢業後，從江南支邊到了大西北，後來當上風火山觀測站第三任站長。有個春節就在山上與我們一起過的，把患有精神分裂症的妻子和六七歲的女兒扔到了家裏。那小姑娘啊，不僅要照顧母親，收拾家務，做飯給媽媽吃，還得去上學。到了春節的時候，妻子的病犯了，女兒實在沒有辦法，寫了一封信，懇求爸爸下山來幫幫她，她實在應付不了母親的病情。

信捎到了風火山，朱良恩一句話不說，低頭抽了一個晚上的悶煙，第二天照樣主持和分配工作。

到了夏天，朱良恩臨時回去開會，到學校去接女兒，給女兒買了好多好吃的。女兒把東西扔在馬路上，背過身去朝着大路往前走，不理爸爸。朱良恩追了上去，一個勁兒向女兒道歉。女兒哭了，說：「我和媽媽最需要你的時候，你在哪裏？」

「我在風火山上啊！」朱良恩回答說。

「那你為什麼不下來呀？」女兒不解地問道。

朱良恩回答說：「我帶班，怎麼能下來啊！」

妻子的病時而好時而壞，時而清醒時而錯亂。朱良恩回到蘭州時，恰好她的病相對穩定了，她指着丈夫說：「我寫信，你不下來，女兒自己寫，懇求爸爸，你也沒有下來啊，風火山的男人都這樣，生活在魔山上，都成了六親不認的風火魔王了。」

朱良恩只有苦笑，他無法給妻子和女兒解釋……

「我怎麼在山上沒有聽過這些故事啊？」孫建民遽然問道。

「風火山的男人啊，都是一群爺兒們，爺兒們自然有爺兒們的

俠骨柔情，誰會說這些婆婆媽媽的事情。你沒有看過朱良恩凡在辦公室裏提起這段事情，就一句不吭啊。那是一種男人的心痛，痛徹肺腑啊。」周師傅用一句話將男人的情感世界托了出來。

暮色中的蘭州城中萬家燈火漸漸亮了起來，孫建民在家屬樓前停下了腳步，說：「師傅，我不上去了，我回去收拾一下東西，明天就跟你上風火山去。」

「你相對象的事情還沒有着落啊。」周懷珍感歎地說。

「以後再說吧！」孫建民覺得與張子安、朱良恩比，他那點兒女情長終身大事，實在不值得一提。

孫建民跟着周懷珍上山了，一守就又是十九年。

有一年夏天，孫建民第一次領略了風火山的滾地雷。滾地雷從風火山的頂上咔嚓而下，一個粉紅色火球，朝着他們住的房子滾了下來，突然鑽到伙房的煙囱裏去了，然後又奇跡般地鑽了出來，雖未引起爆炸，卻讓人有點膽戰心驚。而冰雹砸下來的時候，居然有雞蛋那樣大，人若躲閃不及，便會被砸個鼻青臉腫。

還有一天，他跟着師傅觀測回來，只見一隻狼正在院子裏坐着，彷彿就在自己的家裏，絲毫沒有闖入別人庭院的擔憂和害怕，瞅着他們一動不動。好在兩人手裏都拿着槍，周懷珍已經見怪不怪了，朝着孤狼大聲吆喝，將狼趕出了院子，才和徒弟返回屋裏。

過了一些日子，風火山的一頭棕熊將小熊丟了，老棕熊天天來山下轉，轉了一週時間，才悻悻而去。那些日子，孫建民仍然跟着師傅上山，只是手裏的槍一時也不曾離開。

堅守到第二年大隊伍上山來了，可以暫時替換周懷珍幾個下山了。周師傅帶着孫建民他們回蘭州休假，到格爾木城裏要住旅社。由於將近十個月沒有洗過一次澡，長長的頭髮披在肩上，渾身有一股難聞的膻味，熏得人都有點待不住了。他們三個人在山上，一年只有四立方米的水，從納赤臺拉過來，二百多公里的路程，水比油還金貴，根本捨不得用來洗澡。服務員一看他們的打扮，便將他們的工作證扔出來了，說不給他們住。

　　「為啥？」周懷珍有點茫然不解。

　　「你們像座山雕，不能住我們這裏。」

　　周懷珍苦澀一笑，連忙將旅社的經理找來，說明情況之後，得到老板允諾，才找到了暫時棲身之處。

　　「那年下山，你的婚姻大事終於瓜熟蒂落了？」我仍然關心孫建民的婚姻。

　　他搖了搖頭，說：「連旅館裏的服務員都將我們看作座山雕，哪個姑娘會嫁我。」

　　我沉默，不知該問什麼好，但是我仍然想知道孫建民的婚姻大事。

　　或許他早已經窺透了我的心思，便對我說，他的第一次婚姻很失敗。那段婚姻對他來說既是一種幸福更是一種痛楚，有點不堪回首。他從未對前妻說過一個「不」字，畢竟婚前婚後，兩個人待在一起的時間屈指可數。他反倒感激兩個人在一起的時候，前妻所給予他的幸福時光。但是分多聚少，尤其是有了家有了孩子之後，全

部的家務都壓在一個女人身上，一年在一起的時間不到一個月，換成哪個女人都難以堅守得住。因此，當妻子向他提出離婚的時候，他一點也不覺得突然。

心痛了好長時間之後，孫建民才有了自己的第二次婚姻。

「你的第二次婚姻幸福嗎？」

「『幸福』這個詞多奢侈。記得有位作家說過，婚姻就像鞋子，合不合適，夾不夾腳，個中滋味，只有自己知道。」孫建民的回答一下子使他變得像個風火山上的哲學家和詩人。

我已經明白了孫建民的意思。

當年，鐵道部領導來到風火山視察時，看了風火山觀測站四十年間留下來的 1200 多萬凍土數據，感歎地說：「風火山觀測站對青藏鐵路功不可沒！」

2006 年 7 月 1 日，當列車駛過風火山的時候，孫建民落淚了，那泓縱橫的熱淚，怎麼擦也擦不乾啊。

第三章

# 極地極限

❶

❷

❸

❹

⑤

⑥

❶　吳天一教授

❷　盧春房

❸❹❺❻　青藏高原上的淳樸藏民

口也渴極了，

水也喝足了。

但初解渴的泉源，

請印上心版，

永莫忘掉。

—— 六世達賴喇嘛倉央嘉措情歌

# 唯一個案，出師未捷身先死

魏軍昌將玉珠峰前勘察的留影封好後，投進了信箱。未承想，這居然成了留給妻子的絕筆和遺照。

再過兩個月，他就要當爸爸了，妻子十月懷胎，分娩在即。從 2001 年 2 月 25 日跟着鐵一院蘭州分院進入崑崙山腹地之後，他所在的三隊一直擔負崑崙橋至西大灘的鐵路走線的定測任務。5 月下旬青藏鐵路就要招標，6 月 29 日舉行開工典禮，鐵一院的勘測鑽探時間一再被壓縮，林蘭生院長跑到前方來督戰，青藏鐵路項目總工程師兼鐵一院青藏鐵路指揮部副總指揮長李金城下了最後通牒，3 月底必須拿出格爾木到納赤臺 70 公里的定測技術資料，圖紙設

計人員已進駐格爾木市的鑫苑賓館，隨時展開路基工程設計。副院長尹春發只好將六隊從西大灘調了下來，加強三隊，把中線橫斷面和橋跨樣式做出來了。同時，調來了54臺鑽機，25天突擊完成了任務。

一切都在按時間節點全線鋪開。魏軍昌從西南交大畢業五年多了，學的是地質，是隊裏勘測的中堅。從南山口進入崑崙山谷地後，手機便沒有信號，與妻子的所有聯繫都中斷了。他們在茫茫雪野裏沒日沒夜地測至5月10日，最終完成了第一階段的攻堅任務，才撤到格爾木休整，準備第二階段攻堅土門至安多無人區，跟隨李金城做最後的突擊。

那天到格爾木市裏，顧不得兩三個月沒有洗澡理髮，魏軍昌急不可耐地先尋找街邊的IC電話，撥通了妻子的電話。已將近三個月沒有丈夫消息的年輕妻子哽咽了，喃喃地說：「軍昌，孩子在肚子裏踢我，在悄悄喊爸爸呢！你聽到了嗎？」

「聽到了！」魏軍昌聽到妻子的第一句話，淚水嘩地流了出來。

「想我和肚子裏的孩子嗎？」

「想死了！」

「可我看不到你呀！」

「我在玉珠峰前拍了照片，那裏常年白雪皚皚，青藏鐵路的軌道就從山峰之下通過。玉珠峰像個美麗的新娘，像你一樣，每天俯瞰着鐵路，深情地注視我。」

「軍昌，你好浪漫啊，寄一張給我行嗎？」

「好！」魏軍昌在電話中答道。

可是當照片最終沖洗出來時，離第二階段上唐古拉山、挺進無人區只剩最後一天了。

寄走照片，魏軍昌帶着幾分眷戀走回了賓館。不知怎的，突然鬆弛下來了十幾天，他覺得身體極度疲憊，未承想會為高原病埋下禍根，病歿天路。

27 日天剛拂曉，勘測隊伍便出發了。蘭州分院三隊擔任的是唐古拉越嶺地帶土門至安多無人區的勘測。

好多天的勘測路程，上風火山，過長江源，越開心嶺，翻唐古拉山，到安多時已近黃昏。遠處的雪山仍然白雪如冠，沉落在血色蒼茫之中，而海拔由 2700 米陡升至 4700 米，已是生命的禁區。過去曾有人想在這裏種樹，卻無一棵生存，曠野無樹，卻有乾冷的雪風襲來。魏軍昌壓根沒有想到這裏竟然成了自己最後的天堂。

靠前指揮的蘭州分院原本要住電力賓館的，可是一個月四萬元的租金，讓他們覺得花得冤枉，便租借賓館對門的安多縣糧食局的房子。安營紮寨之時，也許體力消耗過大，魏軍昌覺得渾身疲乏，話也不願多說，眼睛呆滯地眺望着遠方，似乎在想自己的重重心事。

「小魏，你怎麼了？」隊長劉思文詢問。

魏軍昌反應遲緩，說頭昏沉沉的，一點精神也沒有了。

5 月 30 日那天，三隊隊長劉思文和副隊長劉松見魏軍昌和另外兩個病人精神萎靡，飯也沒有吃，便帶他們到瀋陽市定點援建安多縣的急救中心看大夫。內地援藏的大夫顯然缺乏高原病防治的經

驗，僅僅說是高原反應，打打針吸吸氧就會有改善的。潛伏的危機並未引起足夠的重視，沒有及時將病人往海拔低的格爾木醫院送，結果生命中最寶貴的時間給白白耽誤了。

晚上 9 點多鐘，副院長尹春發抵達安多，連夜召集詢問上山後的安營情況。劉思文說隊裏有三個病號，還特別提到了魏軍昌。

「嚴重嗎？」尹春發不敢有絲毫怠慢。

「急救中心的醫生說是高原反應。正在打針吸氧。」

「千萬不可掉以輕心。安多不比崑崙山，是最不適宜人類生存之地。」

劉思文點了點頭，說：「我們會密切觀察的！」

或許高原病暗藏的殺機和恐懼，注定是要以一個大學生之死作為高昂代價來提醒人們的，5 月 31 日這一天又被忽略了。

下午，正在安多的尹副院長接到指揮部的電話，說鐵道部建設司顧聰司長明天要到安多檢查工作，看望一線定測的幹部職工。放下電話，尹春發還專門安排顧司長到三隊時去看看魏軍昌，他們是西南交大的校友，有可聊的話題。

「小魏，顧司長來看你了！」尹春發站在一旁道。

魏軍昌只是默默地點了點頭，說話有氣無力。此刻的他反應近乎遲鈍，雖然吸着氧，眼前卻是一片混沌，靈魂飛揚得很高，朝着唐古拉山麓踽踽獨行，前方似乎有一個雪山女神，飄飄而上，往雪地天堂翩躚而去。

當時青藏鐵路的大部隊尚未上去，人們還未了解到患了高原病

的人一般分成兩種類型：一種是狂躁型的，病發之時顯得格外興奮，煩躁譫語，有如酒徒式的高亢吟嘯；另一種卻是抑制型的，沉默寡語，表情呆滯木訥，兩隻眼睛一點兒神也沒有，像被一場寒霜打蔫的葉兒，耷拉着腦袋，抑鬱終日。

那天，顧聰司長是魏軍昌見到的最後一個高官和校友，可是他一點兒説話的興致和精神也沒有，神色漠然，高原病魔已遏制住他的生命之魂，俯瞰塵世中的人匆匆走過，彷彿靈魂已剝離了自己的軀殼，唐古拉山上風馬旗招魂的靈幡，朝他發出誘人的微笑，他要順着印在經幡上的六字真言的吟誦和雪風搭成的天梯，將自己送入天國。

下午 4 時，劉思文就給尹春發打來電話，焦急地説：「小魏病情加重了！情況不妙。」

「一個多小時前見顧司長，不是還好好的？」尹春發猝然一驚。

「如今已説不出話了！」劉思文焦急地説。

「馬上送下山去，格爾木市有解放軍 22 醫院，條件比較好。」尹春發交代道。

「我們隊上沒有車！」

「用我的三菱指揮車送，朱惠強教導員在格爾木，讓他照顧小魏。」尹春發答得果斷而又迅速，但為時已晚。

擱下電話，尹春發一步躍出門去，大聲喊自己的司機劉可智，神色一片惶然：「可智，快開車到三隊，接上魏軍昌，將他送到格爾木去！」

「有醫生嗎？」劉可智多問了一句。

「沒有隨隊醫生，三隊派一位搞地質化驗的女同志與你一起送，好一路照顧。」尹春發交代自己的司機。

劉可智駕車駛到了三隊的門口，進屋將魏軍昌抱上了車的後座，由一位女化驗員陪着，然後風馳電掣般地朝着唐古拉山方向駛去。

尹春發看了看錶，此時恰好是下午 4 點 12 分。

或許，當時若有人略懂點預防高原病常識的話，應該力主送往那曲、拉薩方向，而不是格爾木，那樣小魏可能還有幾分獲救的概率，因為從安多縣城重返格爾木，沿途要經過海拔 5231 米的唐古拉山和海拔 5010 米的風火山，兩座貌似不高的山麓猶如高原病患者跨越生死冥界的兩道界碑，逃過了第一劫，還有第二劫悄然等待。

傍晚 7 點 30 分，西藏的天空暮色未至，可是烏雲已開始湧向這座高原小城，西邊天際的彩霞燃盡了最後一息，漸成炭黑，撲扇着黑翼的昏鴉悠閒地在曠野裏散步。尹春發無暇欣賞高原小城的血色蒼茫，坐臥不安地來回踱步。這時，辦公室裏的電話突然響了，傳來了駐雁石坪定測地段十二隊教導員張各格焦急的聲音：「尹院長，魏軍昌病情非常非常重，醫生搶救了一下，讓立刻往山下送。」

「我這就聯繫沱沱河兵站，請他們做好搶救準備！」尹春發此時已焦急萬狀，「你馬上跟過去，停止所有生產，全力搶救！」

尹春發撥通了沱沱河兵站教導員的電話，請兵站醫院全力幫助搶救。

劉可智開着三菱指揮車於 8 點多到了沱沱河兵站醫院，他迅速跨出車門，抱着小魏進了醫院。搶救了五十分鐘後，小魏的瞳孔已經放大了。但是他們仍然抱着最後一線希望，往格爾木市人民醫院送。尹春發接到小魏不行了的電話後，仍然給格爾木醫院打去電話，請他們派救護車從崑崙山下迎上來，進行最後的搶救。

　　然而，所有的努力都為時已晚。到了晚上 9 點多鐘，雖然送魏軍昌的車已駛離長江源，正往風火山、五道梁的方向疾馳而去，但他已經越不過第二道生死關了。

　　此時，尹春發正帶着汽車隊長李永慶、三隊隊長劉思文登上一輛依維柯，翻越唐古拉，往格爾木市匆匆趕去，為魏軍昌安排善後。車駛出安多縣城後，沿途公路上狂雪飛揚，一場罕有的大雪覆蓋了唐古拉山以南無邊的曠野。冷雪飛舞之中，能見度已降至最低點，等車緩緩駛上唐古拉山頂，公路與山坡溝壑已連成了一片，每行駛五分鐘就得停下來擦擋風玻璃上的冰雪，鐵一院公安段的偵查員岳利新乾脆躍出車門，走到車燈前邊探路，以身體導向。趕到雁石坪，已經是深夜 12 時了，他們敲開十二隊的臨時帳舍，一一詢問有沒有病號，吩咐大家注意，凡有病者，都跟收容車下山。可是有幾個生病的職工，卻不願下山，說要為最後的決戰奉獻綿薄之力。

　　尹春發在雁石坪停了半個小時之後，又匆匆往沱沱河方向趕去。

　　此時仍在旅途中的魏軍昌已經氣息全無，心臟也停止了跳動。送他的車子在不凍泉與格爾木市人民醫院的救護車相遇，急診醫生上車繼續搶救，6 月 2 日凌晨 2 點抵達格爾木市人民醫院時，護送

他的司機劉可智，邊哭邊抱着他衝進急救室，卻發現小魏已經僵硬在自己的懷裏，一點生命的體徵都沒有了。「軍昌，我抱你上車時，你可是好好的啊，兄弟，你要挺住，你就要出世的孩子需要你，砸鍋賣鐵供你讀大學的老母親需要你，馬上就要開工的青藏鐵路更需要你啊！」

格爾木市人民醫院的專家搶救了四十分鐘之後，終於放棄了。

奔馳在天路上的尹春發還在默默等待着奇跡發生，趕到西大灘時，已是凌晨 4 點，兩位女化驗員郭向前、魏春梅見了他，號啕大哭，他這時才真正意識到年輕的工程師之死，對這支隊伍所造成的震蕩和陰影。

一路狂奔，一路安定軍心，到了上午 11 點，尹春發的車才趕到了格爾木市。他在給副指揮長李讓平報告時，愴然淚下，大哭道：「指揮長，我對不起組織的信任，我損了一名幹將，一個年輕的勘測工程師啊！」

晌午空氣清冷，天一邊陰着一邊晴着。尹春發的心如天上湧動的陰霾，他率隊走進格爾木市人民醫院搶救室，發現軀體上已卸下了搶救器械的魏軍昌赤裸地躺在手術臺上。生死之間竟然如此相似，前塵已經注定，赤身裸體地來，二十幾載短暫如夢，又一絲不掛地離去，什麼都沒有帶走，卻留下了親人骨肉永遠的離痛。他覺得愧對魏軍昌的家人，一種沉重的負疚感在心中湧動。他揮手叮囑身邊的人道：「馬上去格爾木買最貴的皮鞋和名牌西裝。」

「尹院長，請別激動！」陪他而來的醫院賈院長說，「中國有

一個傳統，人死了，不能穿毛的、用皮的，只能買棉的東西。」

「軍昌，委屈你了，我的兄弟！」尹春發撲了上來，抱着魏軍昌赤裸的遺體潸然淚下。


# 死神之翼掠過唐嶺


唐嶺之上，折損一位優秀學子，尹春發很內疚，他將辭職報告發到鐵一院院長辦公室。

「胡鬧！」鐵一院院長林蘭生在電話中將尹春發臭罵了一頓，「尹春發啊，你以為就只有你會自責，就你知道心痛。6月1日晚上，我也一夜無眠，期望小魏第二天早晨能夠醒過來，回到我們中間，可是人死不能復生。現在不是問責板子該打到誰身上的時候，而是要穩住山上的隊伍，按時完成定測，設計出施工圖紙，保證6月29日青藏鐵路正式開工，眼下最要緊的是處理後事。我當過知青，一個農村家庭培養一個大學生多不容易，我們應當為他們辦點實事。」

「我明白了，林院長！」尹春發答道。

擱下電話，林蘭生倚在椅上呆呆地出神，心中揮之不去的是剛才那句話：一個農村家庭培養一個大學生多不容易。

「鐵道部傅志寰部長上青藏路考察，已經到了格爾木，要不要向他報告無人區高原病死人的情況？」院辦主任問林蘭生。

「當然要報告，不過得等小魏的後事處理完了。」林蘭生感歎道，「我擔心山上有的職工會談高原病色變，走不出死人的陰影。」

林蘭生的目光憂慮地投到了唐古拉山之上。鐵一院蘭州分院三隊一位年輕地質工程師之死，造成的心理威懾和恐懼是災難性的，死神之翼似乎巡弋在生命的天空，三隊的幹部職工情緒低落，一蹶不振，有八個人下山到了格爾木不告而別，十四人住進了那曲地區醫院，臥牀不起，人心散了。雖然已在安多為魏軍昌開了追悼會，可是仍然有不少職工指責領導對職工的生命漠不關心。

「這種狀態絕不能再繼續下去了！」林蘭生頗有幾分激動，「僅僅壯烈了一個人，就潰不成軍，如果走不出高原病死亡的陰影，蘭州分院難以擔當起實現幾代鐵一院人青藏鐵路的大夢。」

於是，組織調整的方案率先出臺了。三隊隊長劉思文和教導員朱惠強被撤職了，由楊紅衛科長代理隊長，公安段的科級警長岳利新被任命為書記。

在研究副隊長劉松的去留時，蘭州分院的一位領導建議也一並拿掉。尹春發挺身而出承擔責任說：「如果要拿掉劉松的副隊長，那就先拿掉我算了，搶救失誤的最大責任在我，而不在下邊，一切責任都由我來擔着。」

尹春發作為前線指揮長，說話仍然有分量，劉松最終保下來了，繼續當副隊長。

接下來，隊伍暫時後撤，三隊先從唐古拉山頂上撤下來，完成雁石坪到溫泉相對平緩的一段的勘測，緩一步再挺進無人區，什麼時候準備好了，什麼時候進去，不打無把握之仗。

最大的舉措是消除職工心靈上的死亡陰影，給每個隊都配備具有高原病專業知識的醫生，請高原病專家、格爾木市人民醫院內科主任張學峰上山講解高原病預防知識，鐵一院醫院派出醫療小分隊在安多設點，層層防護，禦高原病於身體和隊門之外。

隊伍的情緒漸漸穩定下來了。

「該向傅志寰部長報告魏軍昌之死的情況了！」6月9日到了拉薩，在下榻的賓館裏，李寧副院長詳盡地彙報了魏軍昌患病、送下山搶救、病歿途中和留下一個遺腹子的情況。

說到悲愴之處，李寧哽咽無語。

傅志寰部長也不禁熱淚縱橫，沉默了片刻，他對隨行的鐵道部考察官員長歎道：「我們交了一筆沉重的學費，魏軍昌同志壯烈殉職，死得其所，他以生命之軀預先給我們敲響了警鐘。6月29日開工後，大批的隊伍很快上來了，能不能站得住，關鍵要看預防高原病衛生措施是否到位。我有一個課題要拜託各位，青藏線可否做到不因高原病死一個人！」

「青藏鐵路不能因高原病死一個人！」這是國家為上青藏的隊伍定了一個生命海拔的標尺。這對剛折損了一位年輕工程師，且衛生醫療條件仍不完善的勘測隊伍來說，無疑是一個巨大的挑戰。

鐵一院三隊新任隊長楊紅衛越來越不想吃飯了，魏軍昌病逝

後，隊裏職工的情緒仍舊不穩，他每天都跟着隊伍上工，翻山越嶺，越澗過溪，一天要在海拔 4800 米的山嶺上走十五公里，中午啃的是冷饅頭，身體素質越來越差，老胃病又犯了，還極度缺氧，一天走下來，幾乎不想吃什麼東西，身體極度消瘦，突然發生了胃出血，一連三天。最後一天出去定測之時，楊紅衛突然暈倒了，癱倒在荒野雲天裏，被職工們抬了十五公里送回來。

尹春發到三隊去看楊紅衛時，他正躺在醫務室裏輸液。從西寧人民醫院聘來的向大夫佇立病榻前，見到尹副院長，連忙呼籲：「楊隊長病情危重，要趕快下山，多待一分鐘，就多一分危險！」

「馬上送！」有魏軍昌的前車之鑒，尹春發不願重蹈覆轍，連忙派人陪着楊隊長下山，讓他們找格爾木市人民醫院內科張學峰主任救治。

下午 4 點鐘，車駛進了醫院，楊隊長一跨下車門便栽倒在地。醫院下了病危通知書，讓領導來簽字，尹春發匆匆趕來了，懇求張學峰主任：「蘭州分院不能再死人啦。無論如何，你都得給我搶救，不論花什麼代價，我只要一個活人。」

「尹院長，我不妨直說，楊隊長的病很危險。」張學峰坦誠地說，「不過，我會日夜守在病牀前。」

「謝謝！」尹春發緊緊地握着張學峰的手，說，「等着你妙手回春。」

經過一天一夜的搶救，楊紅衛終於脫離了危險。聽到此消息，尹春發緊繃的神經才鬆弛了下來。

可是無人區仍然險象環生。那天，尹春發正好在無人區裏指揮最後突擊，一個從山下帶上去的民工突然暈倒了，不省人事，原來是潛隱多日的高原病未被發覺。從西寧人民醫院聘來的胡大春就地搶救，民工表情冷漠，神志委頓，生命體徵及反應一點也沒有了。從未見過如此陣勢的胡大夫見了尹春發不禁號啕大哭，尹春發安慰他說：「你是醫生，關鍵時刻，只有你鎮靜，才不會亂了方寸，你全力以赴搶救，出了問題，我們擔着。」

胡大夫終於鎮靜下來了，按高原病的方案進行搶救。這時，安多縣醫院的救護車也趕來了。

那個民工最終得救了，但是巡弋在唐古拉之上的死神，確實讓大隊伍上山前的勘探隊員們一片心悸。

偌大的工程，似乎在等一個人，一個人的青藏高原和他的傳奇。

# 馬背院士吳天一

上青藏鐵路，我每次都在西寧換乘。

那天從北京飛至西寧後，時值中午。上格爾木的列車要晚上 8 點才開，放下行囊，時間尚早，還有一個下午的時間無法打發，我

便請青藏鐵路公司的人聯繫吳天一院士安排採訪事宜。因為三年在青藏鐵路一路走下來，講吳天一傳奇的人太多了。皆云，修建青藏鐵路能夠實現高原病零死亡，吳天一功莫大焉。

在金輪賓館等待時，青藏鐵路公司辦公室徐主任打通了吳天一的電話，說採訪的事情。吳院士婉言相拒，說他與記者談得太多了，就不談了吧。

慕名而來，眼看採訪就要泡湯，唯有亮出自己的底牌，以期最後的爭取。我接過徐主任的電話，懇切地對吳教授說：「我是中國作家協會派來採訪青藏鐵路的作家，是第二炮兵政治部創作室主任，不是小報記者。我知道您接受過許多記者的採訪，但是作家的視角和寫作模式，與記者迥然不同。」

「哦！」吳天一教授有幾分訝異。

我從吳天一院士的語氣中感覺到了他並非拒人千里之外，於是換了他最感興趣的話題，談起了自己最初對高原的恐懼，說：「吳教授，你知道嗎，我第一次走青藏路是跟隨西藏自治區原第一書記陰法唐，還在格爾木適應了幾天，可是上山的頭天晚上，我卻一夜無眠。」

吳天一院士笑了，問我：「緊張什麼？」

「那緊張和恐懼感就像上刑場，擔心自己一去不復返，壯烈在唐古拉山上。」

「呵呵。」吳天一院士在電話中笑了，「真有這麼恐怖？」

「真的，一點也不誇張！」我回答說。

「是有這種情況，許多人第一次上青藏路心理負擔都太重。」吳院士似乎認同我當時的感受。

我話題一轉：「吳院士，我曾經採訪過青藏公路總指揮慕生忠將軍和川藏公路總指揮陳明義將軍。您可是我心儀已久的高原病學專家，寫青藏鐵路，如果沒有您的出場，就會缺少應有的魅力。」

「你今年多大歲數？」吳天一突然對我的話感興趣了。

「四十六歲！」

「好，你來吧，我接受你的採訪！」吳天一告訴我他家所在的小區和門牌號。

氣喘吁吁爬上六樓，按門鈴之際，連忙扶着門框，以倚着身子，而怦怦亂跳的心已躥到嗓子眼兒了。西寧的海拔雖然只有 2000 多米，但高原反應頗像一個道謀和法力很深的老者，其貌不揚，卻在平淡中蟄伏淫威，讓我在拾級而上中領略了殺機四伏。

鈴聲未盡，吳天一院士開門而現。他身着一件紅色的羊毛衫，臉龐上染着高原常見的銅色，頭已謝頂，戴着一副眼鏡，頗顯儒雅之氣，與內地專家學者並無二致。

晌午的秋陽暖暖的，瀉進客廳裏。吳天一院士倚在沙發上，笑眯眯地凝視着我。當我開啟訪談大門時，驀然發現自己走進了一部歷史、一個傳奇。

驚天發現竟在無意之間。我問吳天一教授：「你是本地的漢族嗎？」

「不是！」他搖了搖頭說，「我是塔吉克族。本不姓吳，我的

塔吉克父名叫依斯瑪義爾・賽里木江！」

這下輪到我驚異了：「你是塔吉克族，叫賽里木江，那怎麼又會姓吳呢？」

「說來話長！」吳天一望着映在他家玻璃窗上的雲彩，那段被歲月煙雲湮沒的往事，從青海長雲裏浮雕般地凸現。

20世紀30年代初，在新疆迪化（今烏魯木齊）通往西安的西域之路上，有一個叫依斯瑪義爾・賽里木江的塔吉克族青年，跟着幾位維吾爾族首領家的世家子弟，騎着駱駝，趕着馬車，在新疆梟雄盛世才衛隊的護送下，穿越吐魯番、哈密，入甘肅柳園，踏入了西北王馬步芳控制的河西走廊，他們兜裏揣着國民政府中央大學的文學系錄取通知書，最終目的地是秦淮河邊。

而這個叫依斯瑪義爾・賽里木江的青年人，便是吳天一的父親。他回首朝戈壁盡頭的地平線眺望，遠在天山之南的故鄉喀什，早已沉落在大漠孤煙直的遠天裏，前邊祁連山上殘雪點點，陽光折射在戈壁上，嵐氣氤氳，青煙鎖成一片蔚藍的海，一座海市蜃樓在沙海中漫漶崛起，真的是自己理想王國中的海市蜃樓嗎？依斯瑪義爾・賽里木江在問自己，也在叩問浩瀚戈壁。

蔣介石政府的統治權杖伸到邊域後，為籠絡少數民族首領，培植心向漢地的青年才俊，特意在中央大學開設了少數民族班，將新疆、西藏和雲南的土司、貴族及部落長老子弟招來學習，依斯瑪義爾・賽里木江成為其中一名赴中央大學文學系學習的塔吉克族世家子弟。此去經年，他欲學成後回到家鄉報效自己的部落和人民。誰

知抗日戰爭爆發,他再也回不去了,便取漢名吳中英,留在煙雨江南,娶了一個叫呂勝華的蘇州師範畢業生,編輯了中國第一部塔漢語言大辭典,成了一位著名的塔吉克族的語言專家。但是金陵城的平靜日子只是曇花一現。淞滬會戰後,南京陷落前,夫婦倆帶着僅兩歲的兒子吳天一跟着南遷的大學跑得快,才躲過了南京大屠殺的喋血之劫。

吳中英夫婦在兵荒馬亂的年月裏一路南遷,長沙、湘西、貴陽、昆明,最後輾轉到陪都重慶。七載烽火,終於迎來了抗戰勝利,「漫捲詩書喜欲狂」,他們遷回金陵,這時已經有了四個孩子。為養家糊口,吳中英成了銀行的職員,妻子成了一名小學教員,過了兩三年的平靜日子,但內戰兵燹又起。而這時吳天一已考入了中央大學附中,讀初二,操一口款款吳語。塔吉克語如碎片似的殘留在臍血相連的鄉愁裏。

1949 年的人間四月天,王謝庭前的燕子似乎隨着一個王朝的覆滅而遠遁,最終成為一種遙遠的記憶。

那個週末,吳天一從附中回到家中,只見地上一片狼藉,細軟衣物都被收進了寥寥無幾的幾隻皮箱。爸爸媽媽的臉上一片焦急,待他走進門來,母親一把將他拽進懷中說:「天一,快點收拾一下,咱們晚上就走。」

「走?往哪兒走?」吳天一一頭霧水。

「解放軍就要兵臨城下,你爸爸隨銀行遷往臺灣。趕快收拾一起走,今天晚上我們就從下關上船。」媽媽一臉無奈的神情。

「我不走,我的同學們都不走。」吳天一的口吻很堅決。

「為什麼？」媽媽顯然有些不解。

「我們的學校很好啊，到了臺灣，再不會有這樣的好學校了。」吳天一認真地說，「老師同學都要留下，說要迎接解放軍進城！」

「隨孩子吧！」站在一旁的父親吳中英喃喃地說，「天一已經長大了！」

「大什麼，他才十四歲呢！」母親在一旁說道。

「我們天山上的雛鷹總是要離巢的。」吳中英歎道，「只是國破山河碎，飛得早了一點。天一大了，由他自己選擇吧。」

媽媽轉過身去，雙肩抽動着哭了。

晚上，揚子江上江霧迷茫，站在下關碼頭上，揮手辭別父母親和弟妹的一瞬間，吳天一的淚水突然湧了出來。離亂之世，他沒有料到會造成一個家庭永久的別離，隔着一灣淺淺的海水，隔着一個遙遠的大洋，這種血濃於水的睽隔和等待居然這麼漫長，從少年等到青年，又從青年等到了壯年。

不過，他最先等到了人民解放軍進城，一隊穿着布鞋的士兵衝進了總統府，遠望着青天白日旗緩緩墜落，站在迎接解放軍進城人群中的吳天一聽到了蔣家王朝崩潰碎裂的聲響。紅旗冉冉升起，伴着紫氣東來的揚子江面的朝霞噴薄而出，他跳着蹦着喊着歡呼着，不知為誰而歌而哭。

激動過後，拭去少年離淚。吳天一週末回到曾經住過的那條老街，才發現家已不在，也沒有一個可通家書的親人。躑躅街頭，斷鴻聲中，倏地有了一種不知歸處的茫然。

當朝鮮戰爭的戰火燒到鴨綠江邊，許多熱血青年紛紛登上東去的專列，投身到抗美援朝的激流中時，吳天一的熱血被點燃了，他毅然投筆從戎，胸戴大紅花，唱着「雄赳赳氣昂昂」的志願軍戰歌，隻身走向戰場。然而，這批學子剛到鴨綠江邊，就被志願軍後方司令部扣下，一鍋端到了東北的中國醫科大學軍醫班，學制六年。抗美援朝犧牲的慘烈，讓志願軍高層將領清醒意識到太需要受過正規學歷教育的醫療骨幹了。

　　吳天一在中國醫科大學讀了六年。畢業之時，恰好是一代年輕人被理想和激情所誘惑的年代，他踏上西行列車，到青海省一家部隊醫院當了軍醫，開始了策馬崑崙的人生之旅。

　　生活在高原之上，舉目是千里的枯黃和焦灼，伴着雪風長驅的尖嘯，數百里內沒有一點人間的煙火。但這從未讓他絕望，相反，他以一個醫學家的睿眸，獨特地發現了一片學術的厚土和高地。

　　第一個驚天發現是在「大躍進」年代。當時為了填補青海的寥廓無人煙，政府從河南等地西遷了不少人，結果到了冬天，許多老人孩子紛紛罹患感冒，最終不治而亡。1962 年中印邊境自衛反擊作戰期間，駐西寧的陸軍第 55 師奉命參戰，兵車西行。吳天一的多位大學同學奉命出征，過崑崙，越唐古拉，經拉薩，往錯那方向的喜馬拉雅山南坡推進。勝利歸來的同學告訴他，有的戰士在發起進攻的衝鋒時猝死，還有的僅僅患了感冒，卻也死了。這是為什麼？又是高原感冒，又是高原性猝死，內地漢人在雪域高原上驚人相似的死亡，令吳天一一躍而起。1963 年，吳天一在《軍事醫學參考資

料》上發表了一篇關於高原肺水腫的綜述論文，並提及了高原肺炎和肺充血症。

這是他邁向高原病學的第一個臺階。

1965 年，在《中華內科》雜誌上，他在全國第一個報道了「高原性心臟病」。此時，他已是一個在高原病學領域頗有造詣的心臟病專家。攜着這些成果，他於 70 年代告別了十多年的軍旅生涯，轉業到了青海省人民醫院。但是，他仍在等待着機會。

那一年，老紅軍譚啟龍將軍來到大西北，擔任青海省委第一書記，他踏遍黃河青山，卻在途中翻車，導致心臟病犯了。省衛生廳緊急召見多位專家和吳天一一起參與搶救。最終，吳天一從高原心臟病的角度優化治療方案，不僅保住了省委第一書記的性命，還給領導留下了深刻印象，從此將他邀為保健醫生，不離左右。

因為經常出入省委大院，得以口無禁忌地向省委領導建言，吳天一向譚啟龍書記獻策，說過去、現在乃至將來，都會有大批的漢族幹部到青藏兩省區工作，過去高原缺氧引起的疾病和死亡一直被忽略了，其實發病率很高的，應該專門成立一個高原病學機構來加以研究，而青海省更是義不容辭。

譚啟龍非常支持他的這一建議，很快報衛生部審批。不久，國務院備案的「青海省高原醫學科學研究所」便批了下來，吳天一是其中的幾位元老之一，他先任腦內科主任、副所長，後任所長，最終成為中國第一位高原病學院士，也是青海省唯一的一名院士。

但是院士的成功，卻是從最初的高原病大普查開始的。從 1979

年至 1985 年，吳天一主持了歷時六年之久、覆蓋五萬人之眾的急慢性高原病大調查。一匹藏馬，一雙鐵鞋，踏遍長河冷山千重，足跡遍及青海省境內的所有藏區和縣份，對象則是生活在海拔 4000 米以上的生命禁區的藏族和漢族同胞。吳天一長期待在藏族居住最多的果洛、玉樹、唐古拉進行觀察，先後治療了兩萬多例病患，獲取了大量的數據。

藏民族為何能雄居世界屋脊，千年不衰？他們的身體生理和生存方式，引起了吳天一的極大興趣，他特別針對藏民族能在海拔 4000 至 5000 多米的地方生存下來，從病理、生理和紅細胞的攜氧量等方面做了大量的科學的調查和研究。

1980 年的一天，吳天一根據多年的潛心研究，寫了一篇有關醫學科普常識的文章《高原適應的強者》，刊在了《光明日報》上。他的結論是，援藏的漢族同胞欲在那塊生命的祕境生存下來，須邁過一道道生理和病理的雄關。

可是在當時剛向世界洞開厚厚的大紅門的中國，紛至沓來的各種思潮，淹沒了人們對它的注意。然而，他本着一顆青藏高原心，仍舊縱馬藏區，將寒山黃河，將可可西里拴到了自己的馬鞍之上，從未想過要離開這片神奇的土地。他一步一步地橫穿青藏，穿越世界屋脊，走向世界高原病學的另一片山峰。

最精彩的一幕是在極地高原青海藏區的阿尼瑪卿山，吳天一攜着藏地風，與大和民族進行了一場高原適應性的軀體與靈魂的對決與較量，贏得非常漂亮。

那年夏天，國際高原醫學會確定了一個世界級選題，在一個生活於海平面的民族與一個生活在青藏高原的民族之間進行一項龐大的人體對高原適應的綜合性研究，最終篩選了中國人與日本人進行對照。兩個隊各十名隊員，日方隊長是日本松本市信州大學校長、高原病學專家酒井秋郎，中方隊長則是馬背上成長起來的高原病專家、青海省高原醫學科學研究所所長吳天一，大本營設在阿尼瑪卿山 4666 米的營地。酒井先生似乎志在必得，從 1985 年他就帶隊來到了阿尼瑪卿山，建立了高山實驗營地，堅持了五年的實驗，最終就是要登頂 6282 米的神山主峰，用詳盡的生理、病理和內分泌取樣，來佐證大和民族身體適應能力比中華民族強。但是誰堅持到最後，誰才笑得最美。

　　阿尼瑪卿山矗立在前方，雪峰沉落在斜陽裏，美如處子。每年，虔誠的藏民轉湖之後，就圍繞着神山轉，他們相信繞神山轉可以洗清一生罪孽，可以在輪迴中免遭墮入無間地獄。許多人都想征服這座神山，可紛紛折戟阿尼瑪卿。

　　這年夏天，中日兩國的高原病專家隊伍開始從 4666 米的大本營出發。大家攜帶着世界上最先進的脈率儀，海拔每上升 50 米，就對人的心跳、脈率、呼吸、細胞對氧氣的利用率等，進行一次全系統的測量。隊伍一步一步地朝着阿尼瑪卿山走近，可是到了 5000米的營地時，還未向主峰發起衝擊，酒井秋郎的隊伍已經一敗塗地，十個人全部得了高原病，其中三個送下山去搶救，還有六個呼吸困難並出現了肺水腫，而且前方不斷有雪崩發生。

酒井緩步走過來向中方隊長吳天一很紳士地告別，說：「很遺憾，吳教授，我不能與你一起衝擊頂峰。」

「為什麼啊？五載準備，功虧一簣，美麗的神山就在眼前，望而卻步，酒井先生不覺得遺憾嗎？」吳天一揶揄道。

酒井笑道：「雪山雖美，但我們只能望山興歎了。吳教授，祝你成功。」

「我會成功的。」吳天一淡然說，「酒井先生，你身體不錯，可以與我們一起衝頂啊，為什麼不上去？」

酒井搖了搖頭，說：「不！我們想活着回到日本。」

日本人在中國的神山面前大敗而歸。

吳天一帶着中方的隊伍朝着阿尼瑪卿山頂峰衝擊。但是這座神山真的太靈驗了，只要有些許的聲顫，便怒髮衝冠，雪崩瞬間而下，驚天動地，捲起萬堆雪浪和霧靄，蔚然壯觀，卻也讓人臉色陡變。身邊的隊員開始躺倒了。吳天一畢竟是年過五旬的人，也覺得自己的心提到了嗓子眼上了，心跳到了 180 次，似乎已經到了生理的極限了。

登頂無望，卻也登上了海拔 5620 米的地方。吳天一率隊建立了營地，對生理與病理、睡眠、神經等所有的數據進行了測試檢驗後，決定下山，此時距阿尼瑪卿山主峰頂只有六百多米了。

翌年，攜阿尼瑪卿山的海拔高度，還有 1494 例高原病治療病案，吳天一登上了世界高原醫學的講壇，突然有了一種在青藏高原上雄睨寰宇的高度和傲然。也就在這一年，世界高原醫學協會將「國際高原醫學貢獻獎」頒給了吳天一。

1996 年，吳天一到美國科羅拉多州著名心肺血管研究所做訪問學者，所長約翰‧里福斯是國際享有盛名的高原病學專家，交手幾個回合，便被吳天一深厚的高原病學術背景和視野吸引了。訪問結束時，他十分鄭重地挽留吳天一留在科羅拉多州研究所。吳天一搖了搖頭，果斷拒絕了。

　　吳天一自豪地說：「里福斯先生，你也非常清楚世界高原病的聚焦點應該在哪兒。中國的青藏高原，那裏有最廣闊的土地，也有最多的居住在高原的人群，是人類高原病學的一塊富礦。」

　　寒山千重，唯我獨行。攜着累累成果，吳天一教授從容走進了中國工程院院士方陣。這是青藏高原對他的最大獎賞。

　　終於，等了漫漫四十多年，走到了新世紀的零公里處，在青海湖畔的吳天一突然聽到了一個驚天消息：青藏鐵路要上馬了。那天晚上回到家裏，飯菜已經上桌了，他突然對自己的大學同學、出身江南的妻子說：「來杯酒吧！」

　　「天一，你可是很少喝酒的。」妻子操着濃濃吳語說道。

　　「就一杯紅酒。」吳天一毫不掩飾地說，「人生有喜須盡歡！我今天高興壞了。」

　　「我們家還有什麼值得高興的事情？」妻子環顧左右，嫣然一笑。

　　「我們在青藏高原待了一輩子，委屈你了，不過終於有了用武之地。」吳天一端起紅酒杯啜了一口。

　　「你是說高原病學將有大發展？」妻子已覺察出丈夫的喜從

何來。

「是千載難逢的機會！」吳天一感歎地說，「青藏鐵路要上馬了，大批兵馬就要上山。新聞媒體報道說青藏鐵路有三大難題——凍土、生態和高原缺氧。依我之見，其實就是兩大難題，一個是生態問題，一個是衛生保障問題。後者，我有發言權，應該給國家陳策獻言。」

「好啊，天一，這杯酒該喝！」妻子與丈夫碰杯，輕輕地啜了一口。

「乾了！」吳天一深情凝視着妻子。

「好，天一，乾！」妻子眼眶裏的淚水湧了出來。

吳天一終於等到了在青藏鐵路這個巨大平臺上，助佑蒼生的機會。鐵道部領導第一次上青藏路上考察，途經西寧，第一個要見的專家便是吳天一。

那天，領導召開座談會，特意邀請吳天一參加，可事情偏偏那般湊巧，吳天一在來開會的路上，突然遭遇車禍，住進了醫院，一時無法直接向鐵道部領導陳說預防高原病的方略。當天，領導派祕書到醫院探視吳天一，並讓祕書轉告他，祝他早日康復，等他病癒之後，專門請他到北京面談。

腿腳剛能下地活動，吳天一便蹣跚入京了。

鐵道部領導緊緊握着他的手說：「吳院士，我對你可是心儀已久啊。青海之行，失之交臂，這回專門將你請到北京，給我們上上高原病專業的課。你放開講，只要能夠保證青藏鐵路不因高原病死

一個人，什麼醫療設備和衛生保障手段，我們都可以上。」

「好啊！苦苦等了四十多年，終於找到知音了。」吳天一感慨萬千。

在醫學專家座談會上，他以中國第一位高原病學院士的身份鄭重獻策：「青藏鐵路兩大課題，一個生態問題，一個人類衛生醫療保障問題，絕對不能掉以輕心，尤其是後者。我想將重話說在前頭，以免後患無窮。」

「但說無妨！」領導抬起頭來，鼓勵地說，「吳院士，知無不言，你儘管說。」

「好！」吳天一集一身高原病所學，談了自己的六點策略，「第一，卡住隊伍上山前的進人關。什麼人能進來，什麼人不宜進入，包括將來列車開通時的旅客。這就得樹起一塊高原禁忌症的牌子，患有下列疾病的人不能上山，如冠心病、心肌梗死、心腦血管病、高血壓、代謝性的糖尿病、慢性氣管炎、肺心病、肝腎明顯病變、潰瘍症、消化道大出血、過度肥胖等。怎麼把好這個關，那就是體檢。第二，進山要循序漸進，階梯式地適應。第一個階梯西寧三天，第二個階梯格爾木三天，逐步地適應習服（一個新造的名詞就這樣出現在青藏鐵路之上）。第三，進行高原衛生教育，從心理上消除高原恐懼症，做到戰略上蔑視、戰術上重視。第四，做好勞動衛生保障。人的勞動強度是隨着海拔的升高而增大的，每升高 1000 米就升高半個等級，行走在 2000 米的地方為中勞動強度，而到了 4000 米則是重勞動強度，因此，要儘量實施機械化施工，降低勞動

強度。在海拔 4000 米以上的地方，吃什麼都是不香的，飲食營養、睡眠、住什麼樣的房子，甚至就連撒尿，都要考慮到充分保暖，不然，在零下 20℃ 的地方，晚上起來撒泡尿，就可能發生肺水腫，因此，我建議將晚上睡覺撒尿作為一個問題來研究。第五，建立醫生巡夜制度。晚上最易出問題，稍有乾咳乃至精神萎靡不振、嗜睡，都容易發生腦水腫和肺水腫，發現得越早就越有搶救的希望。第六，制定青藏鐵路衛生保障制度，所有施工單位都按此實施。」

「説得好啊！」領導率先站起來給吳天一教授鼓掌。

吳天一的六點策略，對青藏鐵路衛生保障至關重要。隨後，他參與修訂了青藏鐵路的衛生保障措施，為上山前的醫務人員講授高原病的預防知識。

一個院士和他的高原病學，為青藏鐵路在生命禁區裏施工，築起了一道生命的安全屏障。


# 背着氧氣進隧道


況成明的隊伍第一天上風火山，就潰不成軍。

那是 2001 年 6 月 20 日上午 9 時，中鐵二十局青藏鐵路指揮部

指揮長況成明帶着十臺車和五十名弟兄，上風火山去安營紮寨。那天他特意讓辦公室主任買了很多鞭炮，説動土之日，要驅除風火山的魔咒，祈求雪山女神保佑施工平安。

在山下人員的壯行聲中，他們一路奔馳而去，下午4點接近風火山時，五十名兄弟便開始東倒西歪了。一隊、二隊、三隊和局指揮部帳篷佈點在不同的地點，他得下車安排，與各隊的領導一起踩點，走了兩個小時，到傍晚6時整個大隊伍上來時，他發現隊伍已潰不成軍，一個個面色蒼白，嘴唇發紫，有的還抱着氧袋躺在車裏吸氧，不到二十分鐘，就吸光了，而氧氣瓶的閥門歪了，氧氣放不出來，憋得他們一個個氣喘吁吁，躺在車上不願動彈。

那天況成明也很難受，頭重腳輕，帶人察看現場佈點整整走了兩個小時，幾乎耗盡了他的體力。亙古荒原，冷雨夾着雪花呼嘯而來，迷茫在整個風火山地域，再過一會兒，天就要黑下來了，帳篷和晚飯都還沒有着落。他招呼職工來搭帳篷，可是他們連站起身來都很艱難，甭説幹活了。

「找風火山道班的人幫我們搭！」況成明已無法選擇，晚上沒有棲身之處，這五十名弟兄就會倒下。

風火山道班的職工來了，一聽説搭一頂帳篷只給三十元，轉身就要離去。

況成明喚住他們説：「先別走，你們説多少錢？」

「三百元！」道班一個工人伸出了三個指頭。

「這不是訛人嘛！」況成明搖了搖頭，「搭一頂帳篷三百元，

整個中國都沒有這個收費標準。」

人家狡黠一笑，說：「這就是風火山的收費標準，愛搭不搭，悉聽尊便。」

「三百就三百吧！」況成明揮了揮手說，「天黑之前一定得幹完。」

何須等天黑，道班的員工早已熟悉和適應風火山的氣候和海拔，僅僅幹了一個小時，便揣着近千元人民幣瀟灑地走了。

暮色蒼茫，炊事員費盡心力用高壓鍋將麵條做好了，可是五十個人躺在帳篷裏一點食欲也沒有，猶如一班敗軍，狼狽不堪。

況成明叫醫生來給他們一一檢查身體，可是就連醫生也抱着氧氣袋，這時他不能不驚歎慕生忠將軍當年是如何率領一群民工，讓青藏公路穿越風火山的。而他最擔心的是軍心不穩，他一個一個地找職工談話，一直談到晚上 11 點，才回到自己的牀鋪上，躺着時心臟怦怦亂跳，一點睡意也沒有。神思在天穹飛揚，如風火山埡口的靈旗，迎風獵獵，身體也興奮不已，腦子如坐過山車樣旋轉，快到天亮時，他才迷迷糊糊地合上了眼，似睡非睡，似醒非醒。

第二天早晨天剛剛亮，況成明頭痛欲裂，他所在的帳篷裏突然擁進六七個人，說：「況指揮，派車送我們下山吧！」

「下山！往哪裏走？」況成明一怔，問道，「昨天剛上來，怎麼就要下去？」

「這鬼地方不是人待的。」一個人喃喃說，「再待下去，小命都不保。」

「忍耐幾天，我們會改善衛生條件，一切都會好起來的。」況成明苦口婆心地勸道。

「再好，也不適宜人類生存。派車送我們走吧。」個別人有點急不可耐。

「我們二十局可是老鐵道兵的後代。」軍人出身的況成明試圖挽留大家，「當年鐵十師三上風火山，沒有一個逃兵，你們這樣一走，可是丟了前輩的臉。」

「別拿逃兵的帽子亂扣，我們只想保命。」人群中不知誰說了一句。

「保命，哪個人的命不重要？你們有的可是三番五次找領導才上來的，回去可就要息工了。」他將最後結果攤在幾個人面前。

「息工也走，總比將一把骨頭扔在風火山上好！」幾個人去意已決。

「走吧！」況成明揮了揮手，並對擁到他帳篷前的職工問道，「還有誰想走？」

佇立在帳篷前的員工沒有一個吭聲。

車開了，那幾個人抱着氧氣袋走了。望着麵包車絕塵而去，況成明轉過身來，眼眶有些發熱，說：「留下來的都是好漢，我們將無愧於風火山，也無愧於鐵十師。」

站在帳篷外俯瞰風火山，這是況成明命運中決定性的一戰。遠處風火山埡口經幡獵獵，雪落大荒，天氣一天幾變，讓他開始領略這座神山的淫威。天空一會兒陰，一會兒晴，一會兒狂雪飛舞，一

會兒晴空萬里，一會兒陰風四起，一會兒靜如處子，埡口處的海拔達到了 5010 米，與唐古拉山埡口海拔只有十多米的差距。而其他地域平均海拔是 4910 米，如果沒有氧氣，他和他的施工隊將寸步難行。

就在他憂心忡忡之際，醫院院長突然找來了，說：「指揮長，北京科技大學的劉應書教授上山來了，專程來拜訪你。」

況成明搖了搖頭：「圖紙還未到，我現在最需要的不是穿越風火山的科技，而是氧氣，能讓人待得下來工作，能睡得着覺的氧氣。」

「劉教授就是來解決高海拔製氧的，他有一個很不錯的專利。現在招標的六家單位，唯有他的小型製氧機製氧率高，效果好。」院長介紹道。

「余亮指揮長和王書記什麼意見？」況成明單刀直入地問道。

「余指揮長和王書記表示同意，叫徵求你的意見。」

「是嗎？」這正解了況成明的心頭之急，「快請！」

北京科技大學劉應書教授在格爾木待了好些天了，他一直在等中鐵二十局的指揮長況成明。2001 年只有況成明和他這支隊伍站在了青藏鐵路的最高點上，他攜高原製氧的專利從北京而來，就想在風火山上一舉實驗成功，然後向世人佐證，這套裝置在海拔 4910 米的風火山上經過嚴酷的考驗，是世界上最先進的。他的這一專利技術已放在抽屜裏很久了，一直沒有相識相知的伯樂和知音，他將寶押在了風火山上，押在了況成明身上。

劉應書一見到況成明就先聲奪人：「況指揮長，我知道現在找

來推銷製氧機的廠家很多，但依我所見，這些製氧機在內地都沒有問題，但在風火山上，能大容量穩定製氧的寥寥無幾。」

「英雄所見略同！」況成明點了點頭，前些天一個廠家送了一臺上來，機器咔咔地響，製氧量不足 30%，根本無法滿足需要，他滿懷希望凝視着劉教授，「你有解決的良方？」

「當然！我們已經研究了好多年，設計思路和機理獨成一家。」劉教授攤開圖紙向況成明介紹。

「有樣機嗎？」況成明抬起頭來問道。

「只有小型的，大型高原製氧機投入太大，許多單位望而卻步！」劉應書實話實說，「所以我想與中鐵二十局指揮部聯合開發，成果共享。」

「先期投入要多少錢？」

「至少七十萬！」

「沒問題，我馬上簽協議！」況成明爽快地答應了。

這反倒讓劉應書愣怔了，他心頭轟然一熱，感動地問道：「況指揮長，你為什麼對我們這樣有信心？」

況成明仰天大笑，然後指着合同書說：「說白一點吧，我對北京科技大學這塊牌子有信心，對你們校長當合同書的第一責任人有信心，你們過去就搞過製氧，如果中國的大學還解決不了這個高原製氧難題，那還有誰能？」

「謝謝況指揮，士為知己者死。」劉應書感動地說，「如此厚愛，我們決不會讓你失望！」

「什麼時間把機器運上山來？」

「三個月！」

「三個月，太久了，黃花菜都涼了。那時我的人該下山了。三十天如何？」

「好！我竭力去做！」

送走了劉應書，況成明問醫院院長：「我們訂的那些醫療設備什麼時候到貨？」

「大隊伍上來時全部到齊。」

「要快！」況成明搖頭道，「沒有完善的醫療設備，我們在風火山就會穩不住陣腳，會不戰自敗！」

「我明白！」醫院院長答道。他曾參加過全國職業病標準的審定和鐵道部衛生保障條例的起草和修改，深知鐵道部黨組的意圖，那就是要將執政為民的理念，融入對築路職工的人文關懷裏去，在衛生保障上要不惜血本，保證高原病零死亡。

時隔不久，劉應書教授研製的第一臺高原製氧機被運到了風火山上，第一次試車便大獲成功，製氧率達到了80%。況成明一下子購買了數百個大氧氣罐，每間宿舍和帳篷裏都配齊，職工們下班回來，隨時可以吸氧，恢復體力。青藏鐵路上第一臺高原製氧機在風火山上兀然崛起了。

眼看着隊伍可以在風火山待下來了，北麓河的實驗段也陸續開工，但風火山隧道的圖紙到了秋涼時分才送達，況成明有一天突然對醫院院長說：「風火山是世界第一高隧，如今職工回到帳舍可以

吸着氧睡覺了，我們渡過了能在風火山上待下來的第一道難關。今年的隧道工程不會停工，可是洞裏的空氣含氧量不到 40%，別說幹活了，就是躺在那裏也受不了啊！」

「我和劉教授商討過了，可以在風火山進口和出口各設一個高原醫用製氧站，將輸氧管接往洞中，在隧道裏建一臺氧吧車，或者在掌子面上瀰散式供氧！」院長答道。

「能成？」況成明反問道。

「理論上和操作上都不成問題。」

「這是一個好主意！」況成明喟然歎道，「風火山工程開通之日，你們可是大功臣啊！」

「應該說青藏鐵路獨此一家！」醫院院長不無驕傲地答道，「我們與北京科技大學商談好了，先作為一個重要科研課題立項，風火山隧道建成之日，再作為一個重要的科研成果上報。」

「好！世界一流的鐵路，須有一流的科研。」

2001 年的冬季，中鐵二十局風火山隧道掘進隊是整個青藏鐵路工程中唯一不停工的一家，在滴水成冰的 12 月底，兩個進出口每掘進一百米，就有一個特殊的氧吧車被推進坑道裏，掘進的工人覺得累了，便可以停下來，到氧吧車裏吸上一陣，頭腦清醒了，體力恢復過來了，再接着幹。從外邊的醫用製氧站的管道輸入了大量的氧氣，直接瀰漫在工作面上，在世界第一個高隧中形成了一個氧氣濃烈的地帶。

一個高原醫用製氧站兀立在世界屋脊上，堪稱天下無雙。

# 並非奇聞：感冒也會死人

余紹水在楚瑪河的隊伍開始減員了，生病的人越來越多。

那天晚上他去巡查，發現中鐵十二局工地醫院和項目部的衛生所裏，有十幾個人在躺着打點滴。余紹水俯首詢問，清一色的感冒。這是高原上最忌諱的病症，極容易引起肺水腫而致死亡。

余紹水的臉色陡然一變。前些天在西寧拜訪高原病院士吳天一時，吳教授曾經告誡過他，青藏高原上最忌諱的是感冒，一個小小的感冒極可能丟掉一條命，千萬不可漠視。

「這是什麼原因？」余紹水有些驚愕，轉身詢問隨他一起巡診的指揮部醫院院長劉京亮，「固定宿舍是集中供暖，民工的帳篷，每四個就有一臺七萬多元的高原暖風機，室內的溫度不低啊，為何病號頻仍？」

劉京亮院長也有些茫然。

「馬上查清患病的原因！」余紹水的胳臂從空中劃了下來，凝固成一個堅定的感歎號，「把醫生都集中起來，我帶着你們，沿着不凍泉到五道梁十二局所有項目部，每個宿舍和帳篷都必須走到，

給我查個水落石出。」

夜已經很深了，夏夜的可可西里，點點繁星墜落在草叢之中，肆虐的陰風停歇了，大荒原上死一般的寂靜。余紹水率領二十多名醫生分頭駛向十二局六標段所有項目部，一個帳篷一個帳篷地詢問，一間宿舍一間宿舍地查找，感冒的原因很快總結出來了，就四個字：夜間撒尿！

「呵呵，真沒有想到！」余紹水手掌在桌子上拍了又拍，感歎地說，「晚上起來撒泡尿，也會患感冒，到底是青藏高原啊，夜間小解也非小事一樁。」

坐在一旁的劉京亮解釋道：「余指揮，這個問題該打我們的板子，是我們考慮不周，職工們晚上睡得熱烘烘的，夜裏醒來起牀撒尿，戶外零下二三十度，冷風一吹，不感冒才怪呢。」

「該捱板子的是我這個指揮長。」余紹水自責地說。

「萬幸沒有出現肺水腫！」劉院長寬慰地說。

余紹水搖了搖頭說：「不能有僥幸心理，躲得過一時，躲不過三年五載，這個問題得馬上解決！」

把夜間撒尿感冒的事弄清之後，東方地平線上裂出一道曉色，在可可西里常常失眠的余紹水就這樣度過了高原上的一個夜晚。

時隔幾天，余紹水從格爾木飛往北京開會，縈繞在腦子裏的仍然是高原上職工撒尿的事，他擔心感冒病號的統計數值是不是又飆升了。

倚着舷窗冥想，翼下的京城漸次放大，泱泱成一片。飛機近地，

伸展巨大的羽翼，向着寬敞的跑道俯衝而下。這時一輛擺渡的移動舷梯緩緩駛過來了，余紹水恍然一怔，拍了一下航空椅子的扶手，說：「有了！」

同行的人問：「余指揮長，你有了什麼呢？」

「移動廁所！」余紹水似乎還沉浸在高原病的思索之中。

「什麼啊，余指揮長？」同行的人一頭霧水。

「呵呵！」余紹水抱歉地說，「不枉北京之行，我終於找到解決職工感冒的良策了。」

下了飛機，余紹水沒有趕往下榻的賓館，而是去了一家研究所，提出了研製移動式保暖廁所的方案，晚上可直對着宿舍門口，白天拉到指定地點沖洗，一個奇妙的構想。

數日之後，一個個移動式的廁所被運到了可可西里的十二局駐地，夜間使用後，感冒率驟降了 60%，築起了一道預防高原病的安全屏障。

在高原上夜間起牀撒尿絕非小事。吳天一教授聽說了移動廁所的事情，大為稱讚，說這是一個了不起的發明。

鐵道部副部長來可可西里檢查工作，看過了十二局的移動廁所後，大加稱讚，欣慰地說：「廁所的革命裏有人文關懷的因素，從這件事情上，就可以看出青藏鐵路對高原病防治和人的生命的重視，我在北京可以睡着覺了。」

中鐵十二局指揮部的房子也成了可可西里的一道風景。

四個月過後，這道極地風景經歷了一場天崩地裂的七級地震襲

擊，卻巋然不動。

那是 2001 年 11 月，在離可可西里不遠的崑崙山腹地，一道藍光劃過荒原，大地顫然抖動，奔突的烈焰在萬山之祖的軀殼裏如脫韁野馬，橫衝直闖，從崑崙山南口裂開一條寬一米卻深不可測的溝壑。瞬息之間，青海省在崑崙山口塑的一塊巨大的崑崙石碑被攔腰折斷，化作殘碑斷碣，倒在了兩隻雪山雄獅跟前，相距只有一百多米的索南達傑墓也未能幸免。那道藍光一直朝着可可西里劃過，顫動也波及了清水河不凍泉一帶，震得在那裏施工的十二局和鐵五局的職工天旋地轉，無法站立，一個個趴在地上任由青藏之神施展淫威。歷盡劫波，道班的房子大都裂了，坍塌了，化作一片殘垣斷壁，唯有十二局蓋在通風管道上的指揮部的房子安然無恙，一點裂縫也沒有，通風管道再一次顯示出了一種非凡的神力。

余紹水為自己的傑作高興，更加讚歎四十載凍土實驗的碩果。


## 生命屏障就這樣築起了


吉祥天路，真有天風祥雨掠過？盧春房的心一直懸在天路之上。

2001 年 6 月 29 日，朱鎔基總理和吳邦國副總理同時站在高原太陽下，分別在格爾木和拉薩手執剪刀，剪下了青藏鐵路開工的紅綢，數萬名築路大軍西去荒原，踏上崑崙山、風火山，過沱沱河，在唐古拉山以北擺開了戰場。

送走了各位領導後，鐵道部建設司副司長盧春房於 7 月 3 日從拉薩飛回西寧城，在鐵道賓館開始了他作為青藏鐵路公司籌備組組長的重要角色。此時，距青藏鐵路公司的正式掛牌還有一些時日，以西寧鐵路分局為主體的籌備人員已陸續到齊，盧春房身兼組長，西寧分局副局長張克敬等兩個副組長也已經就位。

盧春房環顧左右，青藏鐵路公司蟄伏在鐵道賓館狹小的房間裏，辦公環境簡陋，多少有點人單力薄。可是他深知這個公司的重要，它堪稱中國鐵路建築史上第一次大膽嘗試，集建設經營為一體，不僅管現在的建設，還要管將來的運營，巧妙地將工程組織、監督、檢查和資金控制很好地融在一起了，頗有點現代公司的意味。

伏案起草好公司成立章程和管理條文，盧春房的睿眸投向了蒼莽崑崙。7 月 20 日下班前，他對公司籌備組副組長張克敬說：「克敬，我們晚上乘車上格爾木，然後上崑崙山去看看！」

張克敬有些不解，說：「盧司長，我們青藏鐵路公司就管投資控制和運營，建設方面的事情，也可以過問？」

「當然！」盧春房的回答乾脆而又堅定，「部黨組確定設立青藏公司，就是要在建設的初期就全方位地介入，全程掌控，不但要控制投資、監督質量，還要將今後的運營一管到底。」

「我明白了！」學運營出身的張克敬連連點頭。

當天晚上，夜行的列車往格爾木方向駛去。

車輪滾滾，與鐵軌堅硬地摩擦着，鏗鏘的旋律響了起來。駛向天路的盧春房難以入眠，這是他第一次從陸路踏入青藏高原。

青藏高原的夏夜越來越冷了，軟臥車廂放起了暖氣。西去格爾木的列車犁開夜幕，盧春房撩起窗簾，一輪冷月懸在天幕上，鐵路沿線隆起的土丘荒塚似成百上千的雄魂，列車駛過，他心中泛起一種莫名的酸楚，那是原來鐵道兵第 10 師和第 7 師修建青藏鐵路一期遺落下來的英烈吧，在杏黃色的圓月下踽踽獨行，遠眺着江南的三月桃花雪，北國的人間四月天。

上青藏鐵路之前，盧春房到自己所住的當年的鐵道兵大院，拜訪了鐵道兵 7 師和 10 師的老人，了解到修建青藏鐵路一期時高原病對年輕士兵身體的戕害。身為青藏鐵路公司的主要負責人，他深知青藏鐵路一役如同部隊的大決戰，成敗就在於衛生保障是否到位，沿線職工在山上能否待得住。

到了崑崙山下的南山口，第一站便是鋪架基地的中鐵一局，它給盧春房留下了深刻的印象。原來二十八節的普通車廂被裝成了豪華賓館，為了保暖，車殼加厚了，所有的椅子拆除了，每節車廂隔成了十個房間，每個房間住兩至三人，不僅設了指揮間、會議室、餐廳、娛樂室，就連醫院也跟着上來了，還裝配了高壓氧艙、最現代的測量血壓和血紅素的儀器。

盧春房開懷地笑了，環顧周遭，說有雪山野狼出沒，再給每個

房間配一個電棍，萬一遇狼可以捅它一下，以保全自己。

隨後，盧春房朝着崑崙山北坡一路走來，過納赤臺、三叉河、西大灘、玉珠峰，沿途鐵一局、鐵十四局、鐵五局的衛生保障各有千秋。越過崑崙山口後，衛生保障印象最好最深的要數余紹水領導下的中鐵十二局、風火山的中鐵二十局和沱沱河的鐵三局。中鐵二十局投資 800 萬元，與北京科技大學一起研製了世界上獨一無二的大型高原醫用製氧站，每小時可以製氧氣 42 立方米，不僅氧氣管道可以直接接到職工的帳篷宿舍，就連風火山的進出口也各設了一個大型製氧站，二十四小時不間斷地向世界第一高隧裏供氧，氧氣彌散在掌子面和氧吧車裏。

「好，有氣魄！」盧春房對中鐵二十局的衛生保障大加稱讚。

走下風火山，雖然他嘴唇發紫，氣喘吁吁，但是仍然驅車前往沱沱河。由劉登科領軍的鐵三局絲毫也不遜色於中鐵十二局和中鐵二十局，他們投資了數百萬巨款，率先在青藏鐵路沿線第一家上了高壓氧艙，一次可進去四個高原病病人，還購置了彩超、心電監護儀器，其硬件水準已經達到了二級醫療保障水平，加上院長段晉慶又是高原病的防治專家，這裏甚至都可作為青藏鐵路一個重要的醫療站點了。

盧春房高懸在天路上的心漸漸落下來了，但心中仍掠過一絲憂慮，沿線的職工衛生保障自然沒問題了，那麼跟隨上山的民工的醫療保障又會如何？盧春房在天路上打下一個問號。

也許是出身農家之故，除了自己和一個哥哥出來工作，其他的

兄弟姐妹都在鄉下過着清貧的日子，所以盧春房對民工這一弱勢群體有一種與生俱來的感情。拖着疲憊之軀，他一定要看看民工的衛生保障情況。

輾轉每個帳篷，吃住都無可挑剔。青藏鐵路公司每天給民工補助生活費，醫療保健和吃藥都予以免費，但是每個民工是否按時吃了保健藥，盧春房要親自摸一摸底。

在唐古拉山越嶺地段，海拔已經到了 5000 多米，在二處的最高點上吃過飯後，盧春房已經很累了，每走幾步都氣喘吁吁，但他還是要查查民工住宿和衛生保障情況。步履艱難地走進一個甘肅民工的棉帳篷，室內收拾得很整潔，被子都是項目部統一買的，疊得整整齊齊，牀邊放着氧氣，工人可以隨時吸氧。

民工看到盧春房來了，紛紛站了起來。

盧春房摸了摸被褥，挺厚的，禦寒沒有問題。他坐在牀鋪上拿起一個抗缺氧的藥物瓶子，關切地問：「每個月都按時發嗎？」

民工們羞赧一笑，說非常按時，每個人都有一份。

盧春房欣然地點了點頭，追問道：「你們都堅持服嗎？」

站在帳篷裏的民工幾乎異口同聲，大家都服用了。可其中一個民工的臉色卻微微一紅。

盧春房從那民工稍縱即逝的愧疚和尷尬中察覺到了異情，走過去拍了拍他的肩膀，問道：「兄弟，你吃藥了嗎？」

「盧總，我……我……吃了！」

「真的？」盧春房有點不相信，見他疊的被子有點鼓鼓囊囊的，

順着一摸，在被罩和棉絮之間有好幾個瓶子。盧春房和顏悦色地説：「將被子裏藏的東西抖出來我看看。」

那個民工臉唰地紅了，拉開被罩的拉鏈，一下子抖落出了好幾個「三七」藥瓶，包裝盒還沒啟封。

「兄弟，你為何不吃？」盧春房有些不解，「唐古拉山越嶺地段太高了，人躺在這裏都受不了，何況你們還要幹活。同志，身體是最緊要的，有了身體才有一切。」

「盧總，對不起！」那民工眼眶紅了，「我老母親在家得了貧血病，聽説三七能養血，我就悄悄留下了，想帶回去給老母親吃。」

多好的民工兄弟！盧春房聽了心裏一陣酸楚，沉默了片刻，喃喃説道：「這個藥，我們能足量保證，一定要吃，身體要緊啊！」

那個民工點了點頭。

盧春房交代隨行的醫生説，你們要督促檢查，看着他們服下去。

離開唐古拉山的時候，盧春房覺得越嶺地帶的醫藥費顯然不夠用，立即決定給十七局和十八局每年補二十萬，並再撥發一些醫藥器械。

回到西寧，盧春房給北京的鐵道部領導打報告，青藏鐵路沿線的衞生保障十分到位，施工隊伍站住了，這一仗，我們贏定了。

傅志寰部長和其他領導聽了後會意地笑了。鐵一院上山早期，一位年輕的工程師之死，引來了青藏鐵路一場衞生保障的革命，這筆學費交得值。

# 第四章

# 可可西里無人區

① 王福營、白振榮夫婦

② 作者與王福營夫婦、王福紅夫婦交談

③ 青藏高原上的綠色

行駛在青藏鐵路上的火車

黑字寫的明誓，

雨水一濕就熄滅了。

沒有寫出的心中情意，

誰也擦它不掉。

——六世達賴喇嘛倉央嘉措情歌

# 現代孟姜女尋夫上崑崙

　　下了格爾木終點站的列車，湘妹子黎麗琴抬頭便看到了崑崙山。

　　走下月臺，疾步朝出站口走去，有一些喘。她終於找到一個出租車司機，說：「我的未婚夫在崑崙山上修鐵路，你送我去吧。」

　　司機很現實地問：「你出多少錢？」

　　黎麗琴問：「你要多少錢？」

　　司機說：「我的費用不高也不低，沒有二百塊，我是不會上去的。」

　　黎麗琴一咬牙，說：「二百就二百，雖然這是我一個月的下崗生活費，但為了我的夫君，我去。」

司機搖了搖頭：「錢我是賺了，但是我沒有見過你這樣的女人。」

黎麗琴說：「我這女人麼子樣，紅眉毛綠眼睛嗎？」

「像個辣妹子，」出租車司機噗地笑了，說，「一半是水，一半是火。」

「你算說對了，本姑娘正是，」黎麗琴呵呵一笑，「你還算一個男人，一下子就讀懂了我們湘妹子。」

於是，在一個春風不解崑崙風情的下午，黎麗琴跟着出租車司機遠上崑崙。他們從格爾木城出發，朝着南山口而去。風從雪山吹來，將湘妹子的長髮吹得飄了起來。她望着天穹上飄來的白雲，那白雲是從故鄉湘西的沅江上空飄來的吧。

倚在窗前，她倏地想起了她的白馬王子，那個叫王成的男生，與《英雄兒女》裏的王成同名同姓的男人。上天眷顧啊，居然在故鄉的秋天裏，將那個一表人才的小帥哥賜給了自己。

其實認識他純粹是一個偶然。那天傍晚，在向警予的老家漵浦的江邊上，黎麗琴與同鄉大哥在小攤上吃田螺。因為工廠不景氣，她已經息工了，每月只領二百元的生活費，日子過得很淒慘。看着她愁眉不展的樣子，那大哥說：「麗琴，你這樣寂寞，還不如找個男友把自己嫁了。」她說：「找麼子喲，哥哥，我一個下崗工人，誰要？」

那大哥是鐵五局四處的一個施工隊長，他說他的老處長的兒子正在他的隊上，小伙子長得好酷，一表人才，還沒有女友，問她願

不願意考慮。

她說：「可以啊，帥不帥倒不在乎，只要能養活自己就行。」

大哥說：「當然，我那小兄弟是搞鐵路建築的，一個月幾千元的收入總有嘛。不過，嫁了鐵路郎，就得守活寡啊。」

她說：「守什麼寡呢，都什麼年代了。我可以陪他而去，恩恩愛愛，哪怕吃糠咽菜也願意。」

於是就在那個晚上，江風徐徐，拂來還有一點冷，王成被隊長一個電話叫來了。一見到他，才覺得他的帥氣絕對不亞於電影裏那個英俊小伙王成。黎麗琴臉一紅，有點怦然心動，真像她夢了多年的白馬王子啊。

王成坐了下來。他的隊長說：「兄弟，我今天正式給你介紹一個我們溆浦小城裏的美女，她叫黎麗琴，你們認識一下吧。」

黎麗琴大大方方地將手伸了出去，緊緊地握住了他的手，一如握住了春風。她發現王成有害羞之感，他的臉唰地紅了。她一笑，原來男孩也會羞澀啊。

也許是秋風吹得幡動，一對鍾情男女的心已動了。可是剛認識沒多久，王成就要遠上崑崙山去修青藏鐵路了。

那天早晨，黎麗琴到了溆浦車站去送他，他說：「麗琴，如果我去了崑崙，你還會愛我嗎？」

她點了點頭，說：「當然！」

王成的眉頭蹙得很緊，說：「我一去可是六年啊，你會等我嗎？」

「會！」黎麗琴斬釘截鐵地說。

「如果我一時回不來你會怎麼樣？」王成問。

她說：「我會像古代孟姜女一樣，千里尋夫上崑崙。」

「真的？」王成的眼淚唰地湧了出來，說，「我好幸運，上蒼把一個最美最好的湘妹子賜給我了，我是哪輩修的福啊！」

黎麗琴用手帕給他拭了淚，說：「你媽媽虔誠信奉佛祖為你修的福啊，所以你遇上了我。」

王成拭去淚痕，欣然登車，跟着鐵五局四處的施工隊朝着莽莽崑崙而去了。

此去一年，竟然一點信息也沒有。電話不通，寫一封情書，三個月也回不了一次。他們的愛情在千山萬水的相隔中變得遙遠而陌生。因為懂得，所以相愛。因為惜緣，所以黎麗琴不想讓他一個人在崑崙雪山裏獨守天涯。她要千里尋夫，找到他，嫁給他，陪伴他度過寒風凜冽的青藏歲月。

從湘西千里迢迢地來了，黎麗琴事先沒有告訴他，只想給他一個意外的驚喜和浪漫。在這個物欲橫流的年代，人們已經越來越遠離了浪漫，可她的心裏卻祈盼這種大浪漫，所以她要遠上崑崙，把屬於他們的蜜月留給崑崙，也讓崑崙留下他們亙古不變的愛情。

湘女獨行崑崙山。黎麗琴只知道王成在修崑崙山隧道，卻不知他居住何處。一個多小時後，坐着出租車過了納赤臺，到了三叉河，看到架橋的中鐵四局的工人了，她想離她的未婚夫不遠了。鐵四局過了，應該就是鐵五局，她下車打聽。工人師傅告訴她鐵五局還在

上邊。

「上邊多遠的地方？」她問。

「當海拔升到 4680 米的時候，妹子你就找到中鐵五局了。」好心的師傅告訴她。

她問：「這裏的海拔多少？」

「3600 多米。」

黎麗琴嚇得瞠目結舌。遠上崑崙之前，她讀過許多關於青藏的書，說人類家園的海拔達到 4000 米，就是生命的禁區，是不適宜生存的。而王成他們的住地海拔已經到了 4680 米，顯然是不宜生存之地了。她這次來就是要試試，在這樣的極地真的不適合個體生命的存在嗎？

車過了西大灘，玉珠峰的雪山風景美妙絕倫，讓她驚歎萬分。一年四季積雪的雪山放晴了，對於從小在湘西長大的她來說，祈盼下雪只是一種奢侈，如此極地美景，她是生平第一次看到。玉珠峰就是一個冰肌玉骨的雪山之神，沐浴在晚霞之中，展露着女兒的羞澀。有點像她這個躍躍欲試的新嫁娘，想為自己的青春賭一把，只要王成答應，她馬上與他去格爾木辦結婚登記手續，永遠地陪伴在他身邊，陪伴在崑崙山上，精心照顧他每一個平淡的日子。

黎麗琴沉醉在玉珠峰的雪景中了，如果能天天與王成厮守在玉珠峰的雪山美景之中，他們就是一對崑崙仙眷了，這趟青藏路沒有白走。

出租車在離崑崙山主峰不遠處停了下來。一幅大字標語展現在

黎麗琴的面前，上面寫着四個醒目大字：中鐵五局。她千恩萬謝地謝過了送她上山的出租車司機。

那司機也厚道，說：「你謝我啥，二百元夠多了。瞧你這妹子對愛情這般擰巴，我就只要你一半。」說着退給她一百元。

她問為何？

司機說：「你感動了我。天下還有你這樣癡情的女娃，千里尋夫上崑崙，我就收個成本費了。」

黎麗琴說：「你下山拉不到人，會虧的。」

「不虧，不虧，」那出租車司機說，「我心中有底。再說拉一趟你這樣的姑娘，掙個成本就行了。」

「謝謝！」黎麗琴覺得西部的男人豪爽大方，一點也不斤斤計較。

出租車絕塵而去。她提着沉重的行囊，步履蹣跚地走到了值班室。剛才還亂竄亂跳，現在覺得頭暈耳鳴了，開始有點高原反應了。

「姑娘，你找誰？」見黎麗琴站在門口徘徊，一個值班員走了出來。

「王成！」

「王成是誰？」也許工程太浩大了，中鐵五局幾千號人上崑崙，並不是每個人都互相認得。

「就是與電影《英雄兒女》裏的男主人公名字一模一樣的王成啊。」

「英雄兒女？」對方笑了，說，「我們中鐵五局的熱血男兒站

在崑崙之巔，個個都是英雄兒女。」

「不，不，我說的是中鐵五局四隊的王成！」

「嗐，你咋不早說啊。四項目部可是在崑崙山隧道腳下。」值班員拿起電話，叫通了四項目部的電話，問：「你們那裏有一個叫王成的人嗎？」

「有啊！是隊裏的施工統計員。」對方在電話裏問道，「找他什麼事？」

「有一個女孩從湖南追到崑崙山找他來了！」

「還有這等事情！等着，馬上讓他下來。」電話啪地掛斷了。

那天傍晚，王成剛從隧道施工的入口出來，隊長找來說，剛才局指揮部值班室來了電話，說有個女孩看你來了。

王成搖了搖頭，說：「不可能，天荒地老的，誰吃飽了撐的，跑來崑崙山上看我。」

「少廢話。」隊長說，「坐車下去看看嘛。一個女孩子跑這麼遠，爬這麼高，山高水遠，只會為情而來。」

王成半信半疑，揮手叫了隊裏一輛小車，朝崑崙山主峰下河谷臺地上的局指揮部駛去。

白天向黃昏傴下了腰肢，斜陽繚繞着嵐煙墜落到崑崙雪山裏，將半空染成一片血紅，莽崑崙此時少了粗獷，更似一個靜如處子的女神。跨出車門，王成還沒有想到自己心中的女神會兀立在崑崙山下。剛走進局指揮部值班室，他就問：「誰找我啊？」

「我找啊！」黎麗琴一躍而出。

「麗琴，怎麼會是你啊！」王成驚訝地望着自己的戀人，神色一片怔然，女友的突然出現，讓他有點始料不及。

　　跑了幾千里地的黎麗琴突然撲到了王成的懷裏，説：「想死你了，這麼久也不打個電話回來。」

　　王成拍了拍她的肩：「車子一過南山口，中國移動就沒有信號了，我沒法打啊。你上崑崙山，為何也不告訴我一聲？」

　　「我到哪裏找你啊，只想給你一個突然襲擊，一個驚喜。」黎麗琴説道。

　　王成將黎麗琴攬入懷中，也不顧旁邊有人，説：「麗琴，我真的覺得很突然，很驚喜，不會是夢吧？」

　　「那你就做一個崑崙夢吧。」黎麗琴在未婚夫臉上留下雨點般的吻。

　　「今天住一個晚上，你就下格爾木吧。」王成將黎麗琴的行囊往車上一放，拉她回隊裏。

　　「你不喜歡我了？」黎麗琴有點急了。

　　「不是！」

　　「你有別的女孩子了？」

　　「也不是！」

　　「那是麼子事嗎？我剛來就趕我走。」

　　「這裏海拔太高了，不適合生存！會影響你的身體的。」

　　「你都在這裏生活一年了，每天還上班幹活，你能待得住，我就行。」

「聽話！」

「不，我就是來陪你的，不准攆我走！」黎麗琴小鳥般地依在了未婚夫的懷裏。

黎麗琴猶如一隻南來的鴻雁，在崑崙山上棲息下來了。隊裏是清一色的男人，突然有了一個女人出現，甚是感動，專門讓和王成住一個小屋的工友搬出來，把那間不到八平方米的小屋當作他們的香巢。千里上到崑崙山的第二個月，趁王成下格爾木輪休，兩個人到民政局領了結婚證。

王成的工作多數在營地裏，負責隊裏的各種人員、車輛和施工進度的統計，經常要上兩公里以外的崑崙山隧道，每次出門，黎麗琴都要將他的安全帽戴好，然後總忘不了叮囑一句話：「路上注意安全，進隧道眼觀八方，早點回來，我在等你！」

一個女人的新婚期就在崑崙山的枯寂守望中悄然流逝了。黎麗琴在隊裏幾乎無事可做，她無須做飯，兩人吃的是隊上的食堂，一頓六七個菜，伙食顯然比在內地強多了，衣服很少洗，因為這裏吃的水都是從納赤臺拉的，每隔一兩個月輪休的時候，她可以陪着丈夫下到格爾木去洗個澡，購買點女人的用品，更多的時候，是獨自一人坐在小屋的火爐前，守着那臺十八寸的小電視，也守着屬於自己的崑崙山的日子。晚上丈夫下班回來了，年輕的工友便會擠到他們的香巢裏，一起打撲克，到了很晚才散去，因為小屋裏彌漫着一個家庭的溫馨，而這會讓堅守崑崙山枯寂日子的男人的心情變得寧靜。

一場狂雪過後，天空昏冥。我走進他們小巢的時候，幾個小伙子都擠在他們的小屋裏看電視，見我進來，紛紛知趣地起身告辭。

我坐下來環顧小屋。屋內只能放一張高低牀，一張桌子，小電視放在桌子上，牀上鋪擺着兩個人的什物，一米寬的下鋪就成了他們的婚牀，牀頭前放着一個大氧氣罐。讓人難以想象的是，他們居然在一米寬的下鋪度過了半年多的崑崙山蜜月。

男主人王成不失巴蜀之地男生的英俊清臞，而女主人黎麗琴則有湘西女孩的溫婉和熱烈，白皙的肌膚被崑崙雪風吹得染上了一團團高原紅。

「你們就這樣在崑崙山上過小夫妻的生活，不想舉行一個隆重的婚禮？」我問。

「想啊！」黎麗琴莞爾一笑，説，「再過五天。」

「五天，在哪兒？」我開始好奇了。

王成熱情自豪地説：「就在崑崙山隧道貫通那天。作家，我們邀請你來參加婚禮啊！」

「啊，這倒是一個有意義的婚禮，一生都難忘。」我感歎道，「可惜我那時估計已經越過了崑崙山，走向楚瑪爾荒原，參加不上了。」

王成小兩口有點失望。

「我會在電視裏邊看的。祝福你們，崑崙雪山見證了你們的愛情和婚禮，你們會白頭偕老，一生廝守的。」我起身告辭。

「借作家的吉言，我們會的！」小夫妻倆將我送到了門口。

2002 年 9 月 26 日上午，隨着青藏鐵路總指揮、儒雅的領軍之帥盧春房按動電鈕，發出「起爆！」命令後，只聽轟隆一聲巨響，一陣煙霧騰起，全長 1686 米、穿越崑崙山海拔 4600 米至 4800 米多年凍土區的崑崙山隧道全線貫通了。中鐵五局的兩支施工隊伍顧不得高海拔的禁忌，互相擁抱着、跳躍着，把他們頭上的安全帽扔向空中，一泓男子漢的淚水潸然而下。

等一切都靜下了，西裝革履的王成牽着白紗披身的新娘黎麗琴，款款地走進了崑崙山隧道貫通之處，在蒼莽崑崙的腹地，先向巍然的崑崙一鞠躬，再向遠在沅水之邊的父母鞠躬，然後向崑崙山隧道的建設者鞠躬，最後夫妻對拜。在眾目睽睽之下，新郎新娘熱切擁抱長吻，隨後，王成抱着自己的新娘，一步一步走出了崑崙山。

莽崑崙不僅見證了鐵道建設者與它比肩的鐵骨雄魂，也見證了一段美麗的愛情。

# 一家人的雪域與一條吉祥天路

那天下午，王福紅正坐在航吊駕駛室。進入 5 月，崑崙河谷的雪風漸次暖和起來，航吊窗子一開，便有惠風掠過的感覺。

不知什麼時候起，中鐵一局的製軌基地來了好多人，好像有一位大領導在前走，後面跟着很多人。王福紅憑感覺，顯然是北京來了要員，不然不會如此隆重，因為在航吊上，她看不清楚是誰。

「福紅，下來！」鋪架項目部經理站在車間用對講機呼喚她下來，「首長要單獨接見你。」

人們都稱她是崑崙山上的一朵雪蓮。王福紅覺得自己不配這個雅稱，雪蓮花多高貴，只在海拔 4000 米以上的雪線上綻放，傲霜臥雪，一枝獨秀，越是冰天雪地越開得豔，羞煞天下的名卉奇葩。而她只是崑崙山下的一棵小草。青海長雲，春雨潤物。1973 年大莽原綠了的時候，母親在青藏鐵路一期路段上的哈爾蓋生下了她。

王福紅家真的與青藏鐵路有緣啊。

父親王國增是當年中鐵一局的老職工，修青藏鐵路一期西格段時，帶着母親上了高原，不僅在海拔 3000 多米的青海湖邊生下了她，也將一雙腿永遠扔在了青藏鐵路上。

浩浩乎莽莽崑崙，寒山萬里。一條青藏鐵路與一家人，等了整整三十載，青藏鐵路二期才正式上馬。如今王家兄弟姐妹、姑爺媳婦全上來了，朝着崑崙山一排走來，一家人映在長長軌道上的背影尤其悲壯。

王福紅有點膽怯地朝着中央領導走去，這時她多祈盼看到一雙雙親人的眼睛，哥哥、嫂子、丈夫與弟弟就站列在青藏鐵路建設者中間，可是現在都不在現場，王家兄弟姐妹中唯有她是最幸運的。

其實王家的幸運與不幸運，都與這條青藏鐵路血肉相連在

一起。

2001 年 4 月的一天，咸陽城裏一夜春風，吹開萬樹梨花，如雪如雲一樣飄浮在城郭之上，也紛紛飄落在中鐵一局一棟老舊的職工宿舍的小徑上。踏着週末西下的斜陽，退休老職工王國增搖着輪椅，馱着孫子從小學校往家裏搖去，碾碎一地飛落的梨花白。回望留下的兩道車輪印痕，他總懷疑這不是梨花，倒像是青藏高原上滿天狂舞的雪花，讓他有一種久違的感覺。最近這些日子電視裏總在播青藏鐵路第二期格拉段上馬的新聞，讓老人熱血沸騰，夢斷青藏，魂繫青藏，可惜人老了，一雙腿扔在山上，再也去不了了，只在一枕冷夢中，擁抱那一片寒涼的凍土。

車進院子，老二王福營見調皮的兒子正騎在爸爸的脖子上，頓時火冒三丈，唬道：「臭小子，滾下來，膽子越來越大了，居然騎到爺爺頭上了。」

「我喜歡！」王國增將小孫子從自己頭上抱了下來，瞥了兒子一眼，説，「我高興！」

「都是您老寵的，寵到他敢在老人家頭上動土了。」王福營有點不敢苟同爸爸太慣孩子。

老爺子卻有自己的道理，説：「我過去修青藏鐵路一期，將你們仨扔在咸陽放野馬，沒有盡到一點父親的義務，如今啊，就給孫子補上了。」

聽着王福營與父親在門外説話，二兒媳白振榮、女兒王福紅、女婿袁勝安、小兒子王福禮兩口子都出來了。

父親一驚，說：「什麼風將你們三家都吹回到我這裏啦？難得，難得。」

老伴高秀玲端着熱騰騰的餃子出來了，插了一句嘴：「什麼風，還不是青藏高原的山地風！」

「你們都要上青藏鐵路？」老父親似乎從兒女們的神情中嗅到了什麼。

二媳婦白振榮快人快語：「爸，我們老王家這次上五個！」

「五個？」老父親神色愕然。

「是！」白振榮說，「我和福營、福紅妹與勝安，還有小弟福禮都上去。」

「好啊，打虎要靠父子兵，修青藏鐵路少不了我老王家，可惜我這身子廢了，不然也跟着你們去。青藏鐵路不通拉薩，是我們這代鐵路人一生的遺憾啊。」老爺子感歎道。

「好什麼，我又不是沒有去過青藏高原，我擔心這些孩子都是金窩銀窩裏長大的，吃不了那個苦。」高秀玲不無憂慮地說。

「老太婆，我家這地方，什麼金窩啊，狗窩一個！」王國增呵呵大笑，環顧四周，說，「我數了數，五個孩子有三個與青藏高原有關。福營在庫爾勒當過兵，守過西藏阿里海拔最高的機務站，那可是喀什崑崙啊！福紅是在青藏鐵路一期的哈爾蓋生下來的，在娘胎裏就在青海待過。勝安也是在庫爾勒的部隊幹過的，上過喀什崑崙。差一點的是振榮與福禮，但身體也沒有問題。」

「是啊！」王福營感慨地說，「聽爸爸一說，看來，這青藏鐵

路捨我王家其誰。」

「捨，捨，捨個啥？」母親不滿地說，「兩口子都上去了，孩子扔給誰？我看三家男人上去就成，媳婦閨女都留在咸陽管好後方。」

「媽！」白振榮怕婆婆擋駕，懇切地說，「青藏鐵路千載難得，大的方面說，不僅為國家為西藏人民修條吉祥路，小的方面說，不僅圓了爸爸的青藏夢，收入也是內地的好幾倍，我們想給孩子將來讀大學攢筆學費。」

女兒王福紅說：「是啊，媽。」

小兒子王福禮沒有正式工作，緘默了半晌，吐了一句：「我是隊上的臨時工，沒有嫂子和姐姐的奢望，就一個養家糊口。」

母親高秀玲聽後一片悵然，兒女們說的都是大實話，上青藏鐵路圓的不僅是國家的大夢，也圓了小家的夢，她沒有理由阻擋，便揮了揮手說：「去吧，孩子交給我和你老爸。」

熱騰騰的餃子端上桌了，為了給孩子遠上青藏鐵路壯行，高秀玲特意做了幾道熱菜。坐在上席的王國增對老伴說：「拿酒來！」

高秀玲搖了搖頭，說：「醫生不是讓你不要喝酒嗎，還要喝！」

「要喝！我高興。」王國增將一瓶西鳳烈酒擰開了蓋子，給兩個兒子與女婿各倒了一杯，說，「我做了一輩子鐵路人，最大的願望就是修通世界上第一條高原鐵路。可惜當年國家不富裕，中途下馬了，我的一雙腿也扔在了山上，壯志未酬啊。不過有悲也有喜，你們兄妹幾個再上崑崙，鋪路架橋，幫爸圓了青藏鐵路夢，好啊！

乾！」

「爸爸，乾！」王福營與父親碰了碰杯，眼噙熱淚說，「當年你送我上喀什崑崙當兵，我對你的青藏情結一直讀不懂，這回兒子真懂了。」

王國增老淚縱橫，說：「兒子啊，懂就好，爸爸一雙腿都埋在青藏高原了，能不愛那條高原鐵路嗎？」

四個男人將酒杯碰得咣當響，一飲而盡。

高秀玲站在旁邊，更有巾幗氣派，說：「他爸，哭啥，當年我在哈爾蓋生福紅這小妮子時，差點把命丟了，你沒有掉淚；你的一雙腿截了，我哭成淚人，你未掉過一滴淚；現在幾個孩子還未上崑崙，你反倒哭了，這不是在泄士氣嗎？」

「唉，老婆子，人老了就愛動感情。好，我不哭，不哭！把酒給我斟滿。」王國增拭去眼角上的淚痕。

「爸！你不能再喝了。」女兒王福紅勸道。

「不，我要敬你們一杯。」王國增將酒杯端了起來，說，「長江後浪推前浪，一代更比一代強啊。我敢說，王家的兒子、姑娘、媳婦、姑爺上了崑崙，都不會是孬種。但是爸爸還是忠告你們一句，誰要是中途當了逃兵，就甭想踏進王家的門檻。」

五個上崑崙的孩子都站起來說：「爸爸媽媽只管放心，我們不會給王家門庭抹黑的。」

「好！我就要你們這句話。」

春風吹醉了咸陽城，有點微醺的王國增送幾個孩子出門，仰望

春天的夜晚，滿天繁星鑲嵌在深邃的天穹，奪目耀眼，有點像當年他在青藏高原上見過的鑲了寶石的格薩爾王戰馬背上的金鞍。遠送着孩子們消失在夜幕裏，消失在崑崙山的浮雲裏，他覺得五個孩子那顆純樸的心，也像寶石一樣純淨可愛。

20 世紀 80 年代中期的一個秋天，中鐵一局為老職工辦好事，決定內招一批子弟當工人，王家得到了一個指標，可家裏卻有三個孩子待業：二兒子王福營，女兒王福紅，小兒子王福禮。代表那個年代鐵飯碗的指標到了王家，卻讓老兩口犯愁了，手心手背都是肉，到底給誰呢。

二兒子福營畢竟是哥哥，他首先表態，說：「爸、媽，我先出局，這招工指標我不要。」

父親問：「不當工人，你做啥？」

「我去當兵。」王福營早已經想好了自己的前途，「復員回來，就能正式分配工作。把招工指標留給小弟。」

父親點了點頭，說：「好，像我王國增的兒子，有男子漢氣魄。」

是年秋天，新疆軍區來咸陽招兵，事先就聲明是駐守西藏阿里機務站的通信兵，吃不了苦的別去。許多報名的年輕人都望而卻步，轉身離去，而王福營卻毫不猶豫地跟着部隊走了，在喀什崑崙的冰大阪，在海拔最高的通信兵機務站守望了三年半。在千里冰封的銀色世界裏維護線路，半年之內大雪封山，不見一個行人上來，白天兵看兵，晚上看星星，半年之內將一輩子的話都說完了，從此沉默不語，成了一個木訥之人。

那年秋天，二兒子走了，王國增將小兒子王福禮叫到屋裏，把一張表拍到他跟前，説：「填吧，填了後，你就有正式工作了，以後可以攢錢娶妻生子，養家糊口。」

王福禮搖了搖頭，説：「謝謝爸爸，這張招工表我不能填。」

「為啥？」王國增一臉茫然，説，「你這娃，這可是你哥哥專門讓給你的。」

「我姐呢？她也沒有工作啊。」王福禮突然冒了一句。

父親愣怔：「女娃家，總要嫁人，以後找個有工作的男娃嫁過去，像你媽媽一樣，當家庭婦女。」

王福禮不以為然，説：「姐姐那麼漂亮，沒有一個正式工作，一輩子就毀了。我是男人，還是我到社會上闖吧，招工的指標，讓給我姐。」

「你想好了？」

「想好了！從二哥走那天起，我就決定把這份工作讓給姐姐。」

「有種，像個男人。」

一份工作，王家的兩個男人以不同的方式讓給了家裏的柔弱姐妹。

福營遠去阿里當兵；福禮到街上去擺攤，賣糧食雜貨，娶妻生子後，夫妻倆都沒有工作，最後到爸爸的老單位，當了一名鋪路架橋的臨時工。

王家三兄妹與愛人都上了青藏鐵路。在崑崙山下南山口的中鐵一局鋪架項目經理部，二哥王福營是鋪軌架橋的施工隊長，愛人白

振榮與妹妹王福紅在枕軌車間開航吊，妹夫袁勝安開救護車，隨時待命於山上的鋪軌架橋現場，小弟王福禮是一個普通的架橋工人。項目部對這些雙雙上崑崙的夫妻，給每家闢了一個小屋。到了輪休的日子，往崑崙山、可可西里、五道梁、沱沱河不斷鋪軌向前的丈夫會下山休息兩三天，得到久盼的妻子溫馨的滋潤。這十幾間鴛鴦房，成了青藏鐵路沿線最具人性化的一道風景。

王福營與妹妹王福紅的宿舍，只隔着一間房子。在王福營那間僅能放下一張狹窄的雙人牀的小屋裏，環繞着一排簡陋的小沙發，一個取暖的爐子，一臺十九寸的電視，最醒目的就是兒子那張照片，放了二十四寸之大。每次看到兒子的照片，白振榮便會涕泗滂沱，不能自已。王福營知道妻子這個心病，就用一件鐵路制服將兒子的照片遮住了。而妹妹的房間裏也掛着她女兒袁琳的照片。遠上崑崙，第一次離開那麼久，孩子成了母親永遠的牽掛和疼痛。

對於王福紅來説，思女之痛，並不比嫂子輕多少。母親打電話説，小袁琳看電視時，一看到有崑崙山的鏡頭，就背過臉去，因為她怕崑崙山在，卻不見媽媽。等姥姥説電視屏幕上已經沒有崑崙山的鏡頭時，她才轉過臉來，紅潤的小臉蛋上落下了櫻花雨。王福紅聽了，泣不成聲，這種思女的壓抑終於因一條短信爆發了。一天下午，下班回來的王福紅走進小屋，突然發現手機的振鈴突突響了兩下，她打開一看，屏幕上閃現了一行字：「媽媽，媽媽，我愛你，就像老鼠愛大米！」看着看着，一股母性的舐犢之情撞開了她脆弱的情感閘門，王福紅哇的一聲哭開了，那哭聲挾着濃烈的鄉愁直上

崑崙。嫂子白振榮連忙跑了過來，詢問怎麼回事，王福紅把女兒的短信遞給了嫂子，不看則已，一看，白振榮強捺的思念也爆發出來。姑嫂兩個抱頭痛哭，那哭聲縱使躑躅崑崙雪山之巔的孤狼聽了也會流淚。

但是王家兄妹依然覺得自己是幸運的，因為有深明大義的父母支撐在大後方。他們雄居崑崙，不僅圓了父親一代鐵路人的青藏夢，也向着為孩子攢一筆上大學的學費的夢想一步步走近。可是命運多舛，造化總在無情捉弄善良無助的家庭，厄運神不知鬼不覺地在敲響王家的命運之門了。

春節悄然來臨了，咸陽城裏時斷時續響起鞭炮聲，從崑崙山基地和風火山鋪軌現場下山的王家兄妹回來冬休了。兩載崑崙歲月，他們確實有了不菲的收入。三個孩子買了好多年貨，來到父母家裏，準備歡歡喜喜過大年，待到冬雪化盡，春暖三秦，他們就要三上崑崙了。然而就在這時，卻發現了母親一個驚天祕密。

母親高秀玲頷下的淋巴一天比一天堅硬，自從孩子們第一年上山，就在隱隱作痛，但是她悄悄瞞着老伴，瞞着兒女們，後來淋巴腫得越來越大，她只好到醫院開幾片止痛藥。孩子們回咸陽冬休，一家人相聚時，她就在脖子上戴一條圍巾，遮住腫脹之處。中鐵一局職工醫院的醫生懷疑是淋巴癌，勸她趕快到西安確診。

高秀玲搖了搖頭，說：「我不去西安！」

大夫不解，問為什麼。

「我的病確診了，不是一兩萬塊錢就能治得好的。」高秀玲道

出了苦衷，「我不能花孩子們的錢，那是血汗錢啊，是搭上性命上青藏才換來的。」

「這病拖不得啊，越早治療越好。」大夫建議。

「不，我都快七十歲的人啦，拖過一天賺回一天。」高秀玲執拗地說，「唯一的心願是老天別早收我回去，讓我再熬三兩年，把兒女的孩子帶好，讓他們幹完青藏鐵路。」

大夫聽後欲說無語，有一天恰好遇上王福紅來醫院看病，才將高秀玲的病情告訴了她。王福紅瘋了似的跑回家裏，不由分說地要解開母親頸上的圍巾。

「妮子，你幹啥？」

「媽，你不能瞞我們了。醫生全告訴我了。」王福紅哭着說。

「嗐，這大夫，我可是與她有君子協定的啊！」母親無可奈何，解開圍巾，脖子上長了一個硬疙瘩，一觸就痛，連吞咽都有些困難了。

三個孩子圍着媽媽暗自流淚，年都沒有過，連忙趕到西安一家大醫院做穿刺檢查，結果很快就出來了，甲狀腺癌。

王家兄妹愣了。大哥王福生也從上班的航天工廠趕過來了。二哥王福營將小妹王福紅叫到跟前，說：「媽媽得馬上做手術。大哥的孩子在讀大學，廠裏不景氣，小弟雖跟着上了山，但只是民工待遇，他媳婦也沒事做，一人扛着三張嘴，這錢就咱兄妹倆出吧。看來青藏鐵路掙的錢，都得填進去。」

「哥，只要咱媽能好，沒什麼。」福紅飲泣點頭。

春天來了，小草像精細的繡花針腳一樣，鑽出了三秦大地。母親做了癌症切除手術，經過幾個療程的化療後，病情暫時穩定了，這時第三個年頭上崑崙的時間也到了。王福營與妹妹商量，每家留下一個人來照顧母親。

　　「都走！」躺在病榻上的母親突然撐着病軀下牀了，說，「三個孩子交給我和你爸，你們安心上青藏鐵路，老娘死不了。」

　　王家三兄妹硬被執拗的母親趕上了崑崙山。

　　到了 2004 年的夏天，母親的癌症仍未能控制住，轉移到了淋巴上，要做第二次手術。

　　大哥打電話來了，在電話中一片哽咽。王福紅聽着就哭了，嫂子白振榮是個深明大義的女人，她說：「別哭，我找你哥去。不做手術，婆婆會疼死的。」

　　王福紅飲泣道：「媽媽捨不得花我們的錢。」

　　「捨不得花？」嫂子驚愕道，「痛死都捨不得花這錢，要我們幹啥，我們掙錢給誰？」

　　最後三兄妹商定，由王福紅請假坐飛機趕回咸陽。

　　可母親死活也不願做第二次手術，說：「妮子，就讓媽媽這樣拖下去吧，上次手術花了一大筆，這可是你們從青藏高原上頂風冒雪掙來的，留着給希凡和袁琳將來讀書吧。」

　　王福紅驀然下跪相求：「媽，都說養兒為防老，可我們卻在千里之外的崑崙。你們苦了一輩子，好不容易將我們拉扯大，有個病痛，就該做兒女的出錢出力啊。」

第二天，柔弱的王福紅不由分說地將母親拉進西安醫學院，做第二次手術。那天從上午開始，王福紅就站在腫瘤科手術室的走廊上等，主刀醫生已有言在先，她母親的情況非常不妙，手術風險係數很高，剝離的癌細胞全部包裹在人的神經周遭，病人如不配合，或稍有不慎，輕則半身不遂，重則下不了手術臺，讓她有充分的心理準備。王福紅憂心如焚，唯有祈求崑崙山巔飛揚的經幡和朝聖香客的虔誠神佑母親。手術持續了十幾個小時，到了傍晚時分，手術室的紅燈終於變成了綠燈。大夫出來了，疲憊的臉龐綻開了微笑，說：「這老太太真不多見，她用堅強創造了生命的奇跡！」王福紅聽後，涕泗滂沱。

麻藥藥力散盡了，母親從沉睡中醒來了，雖然精疲力竭，卻說：「老天對我王家還算公道，沒有收我走，如果我死了，這幾個孩子怎麼辦？我在一天，你們就可以出去掙錢。」

手術一週後，母親能下牀了，就攆王福紅走。可王福紅還是執意陪了母親二十天，才回到崑崙山下。恰好暑假來臨了，她執意將二哥的孩子王希凡和自己的女兒袁琳帶到崑崙山腳的中鐵一局的鋪架基地，讓他們過一個有意義的暑假，讓他們看看氣勢雄渾的青藏鐵路是如何在自己的航吊下組合成一節節枕軌，由希凡媽媽吊裝到軌道車上，再由希凡爸爸駕駛着，駛過已鋪好的青藏鐵路，上崑崙，過可可西里，越五道梁，翻風火山，往長江源大橋駛出，看鐵路是如何一段一段地鋪向唐古拉，伸入萬里羌塘。

小兄妹倆到了崑崙山南山口的鋪架基地，早晨起牀，只見一夜

雨霧過後，雪山之神傲然橫空，一會兒太陽出來，融盡戈壁上的殘雪，而山頂上的雪卻終年不化，讓他們激動得又蹦又跳，猶如沉醉在兒時的童話王國裏。

王福營與妻子商量，讓小希凡上山去，親身感受爸爸在高寒缺氧的地方指揮工人叔叔鋪軌架樑，也許會影響他的一生。妻子點頭同意，於是小希凡跟着爸爸，車入崑崙，玉珠峰白雪皚皚，讓他留戀不已，等到了可可西里，看到草原上悠然走過的藏羚羊和野驢，更是高興得手舞足蹈，可是一過風火山，他卻受不了了，一句話也不說，躺在爸爸的懷裏，氣喘吁吁。王福營將兒子抱到車裏吸氧，不適這才漸漸緩解。小希凡在那裏待了一週，站在新鋪的鐵軌上看爸爸和叔叔們在風中雪中雨中一絲不苟地工作。下崑崙山之後，他突然覺得自己長大了。他對媽媽說：等我長大了，總有一天我要與同學們再來青藏高原，告訴他們這鐵路是爸爸媽媽參與鋪設的，每釘每鉚都有他們的汗水和心血。王希凡的自豪溢於言表。

小袁琳跟着爸爸開的救護車來到了楚瑪爾平原，她最想看的就是藏羚羊，可是當爸爸將她拉到鐵軌上看在鐵道兩旁奔跑的小精靈時，她已經氣喘吁吁，雙眼迷蒙，美麗的藏羚羊成了風中的一片幻覺。

兩個月的暑假如白駒過隙，轉眼即逝。王希凡開學的時間到了，要先走，王福營和妻子白振榮打了一輛出租車去送兒子。一上了車，王希凡就眺望窗外的戈壁，一句話也不願跟爸爸媽媽說。爸爸一再交代路上要小心，不能亂跑，不能隨便下站，王希凡只是點頭，卻

不回答。到了車站，他向爸爸媽媽説了一聲再見，便背着書包，跑進卧鋪車廂，爬到自己睡的上鋪，將頭埋進了被子裏，再也不肯下來，直至開車也沒有露過面。

兒子的影子被遠去的列車載走了，白振榮剛走出幾步，就蹲在地上，喊着兒子的名字哭開了。丈夫眼眶也紅了，挽着妻子走出了格爾木站，鑽進了一輛出租車，一直哭到了崑崙山下。

小袁琳走的一幕更讓人揪心的痛。她在崑崙山下住到幼兒園開學時，也該走了。恰好有一個朋友要回咸陽去，王福紅和丈夫袁勝安便託人家把丫頭帶回去。因為孩子小，王福紅夫婦特意為她買了軟卧，一起去送她，在車廂裏坐到臨開車的時候，才連忙下了車。小姑娘貼着窗子喊媽媽，媽媽聽不見，只看見女兒的淚水在車窗玻璃後如雨在下。王福紅拿自己的手機打了朋友的電話，女兒接了過來，一邊哭一邊説那句話：「媽媽，媽媽，我愛你，就像老鼠愛大米……」

往事如風，卻像電影一樣，一幕幕地在王福紅眼前閃現。

可是今天，她覺得崑崙山下的春風變暖了，她走進人流，只見一位中央領導同志向她伸出了熱情的大手。

「崑崙山上的雪蓮，這個稱呼好啊，迎風傲雪，雪中綻放，像我們鐵路女職工的性格。」中央領導握着這個普通鐵路女工的手，喟然感歎。

王福紅覺得自己是幸運的，中鐵一局青藏鐵路指揮部將最高的榮譽給了自己，中央領導還親自接見了她，她要將這個消息告訴卧

在病榻上的母親。王福紅覺得自己又是不幸的，兩口子還有哥哥嫂嫂奔波四年四上崑崙，掙的錢都交給醫院了，得之失之、失之得之。但是有了在崑崙山上的四年，有了一家人都上過青藏鐵路的歷史，如今手中所剩無幾的她，驀地覺得，自己是天下最富有的女人。

她已經想好了，等到青藏鐵路正式通車那天，只要爸爸媽媽身體還好，她一定帶着全家坐火車到拉薩，她要親口告訴爸爸媽媽和女兒，在崑崙山零公里處通往拉薩的 1100 多公里的鐵道線上，每隔一段的枕軌，都是她與崑崙山上的另外四朵雪蓮一起吊裝的。

她從不認為自己是雪蓮，但是她的一家屬於崑崙。

# 問鼎崑崙一儒將

五大凍土實驗段的開工姍姍來遲。

那天傍晚，鐵道部一位領導從可可西里下山後，將青藏鐵路總指揮部的指揮長們召至會議室，青藏鐵路公司籌備組組長盧春房也坐在其身旁。領導神情凝重地說：「你們問我何時返京，我現在鄭重地告訴諸位，五大實驗段不開工，我就不走了。」

青藏鐵路總指的指揮長們面面相覷。

「你們應該明白，凍土實驗段今年如果不開工，沒有一年的凍融，就難以發現問題，補牆設計就會滯後，會影響青藏鐵路的工期。我再鄭重地說一句，五大實驗段什麼時候開工，我什麼時候走。」

領導破釜沉舟，欲留在崑崙山下最後督戰。

送走了幾位指揮長，領導轉身問盧春房：「春房，你說卡在哪個環節上？」

「指揮體制不順！」盧春房坦陳己見。雖然此時自己只是青藏鐵路公司黨委書記、籌備組組長，工程建設仍委託鐵道部工管中心分管，這已經是老傳統了。可是 7 月份第一次上山檢查過後，他又數度上山，不免憂心忡忡。五大凍土實驗段的圖紙陸續到了，但幾家施工單位的機械、技術準備不足，想紮好營盤待明年，就是崑崙山下已開工工段，質量也與世界一流的高原鐵路有差距。再則，與青海、西藏兩省區協調管道不暢，與新聞媒體溝通也不夠，寥寥幾筆就會裂變成通天大新聞。凡此種種，問題就出在指揮體制的不順上。一條青藏鐵路，對應一個青藏鐵路公司和一個鐵道部建設司工程管理中心派出的青藏鐵路建設指揮部，又分別隸屬於兩個主管的副部長，當然指揮不順。

「春房，你有何想法？」領導徵求他的意見。

「兩套人馬合二為一，由青藏鐵路公司統管。」盧春房是坦蕩之人，他並不怕人家說他有取而代之之嫌，只是從工作着想。

「好，我也有此意！」領導默默地點了點頭。對青藏鐵路開工

之後出現的問題癥結，他早已一目了然，他有意讓盧春房將青藏鐵路公司黨委書記和青藏鐵路建設總指揮部指揮長一肩挑，只是時機還不成熟。

到了 9 月下旬，鐵道部建設司也向部黨組反映了這個問題，覺得指揮體制不暢，建議還是交給盧春房來管可靠。

盧春房回北京開會，分管建設司的蔡慶華副部長看到他，說：「春房，現在這個情況不順。你把青藏鐵路總指揮部指揮長的重擔接過來幹，環顧系統內，唯有你最合適。」

「謝謝！」盧春房也毫不推辭，說，「不瞞領導說，在鐵路建設方面，我當指揮長的經歷倒還很豐富，大大小小的職務都幹過。」

「呵呵，春房這回可是當仁不讓了。」蔡慶華笑了。

是年 11 月，盧春房從西寧城回到了鐵道部大院的綜合樓裏。一天在大院裏恰好與工程管理中心主任施德良不期而遇。兩人曾同在建設司待過，雖然施德良年長十多歲，但他十分尊重盧春房這位少壯帥才。一見面，盧春房便向施德良預約了，說：「施主任，我們找個時間聊聊！」

「好啊，春房，我早就想找你了。青藏鐵路那個委託管理，弄得工管中心心力交瘁，該想一個出路了。」施德良的話很真誠。

數日之後，施德良主動來到了綜合樓的辦公室，聊了一會兒青藏鐵路的情況，他便單刀直入，說：「現在的委託管理，誰都難受，改吧！春房，你將指揮部一鍋端過去，由青藏鐵路公司擔起來。」

盧春房沉吟了片刻說：「施主任，將你的指揮部接過來，我早

有此意，這樣比較順，但是人不好管，工管中心是駐勤的，轉到青藏鐵路公司來，這批人願不願意？」

「該調就調走！」施德良擲地有聲地説。

「好，就這麼辦！」兩個人迅速達成了共識。

隨後，盧春房到了鐵道部領導辦公室，將他與施德良達成的協議做了詳盡彙報，核心就是將一直由建設司工管中心管的青藏鐵路指揮部交給青藏鐵路公司，由盧春房兼任總指揮。

「好，就這麼辦！你寫成一個文字性的東西，呈報部黨組批准。」

當天下午，盧春房正式起草了一份書面報告，將把青藏鐵路總指揮部交由青藏鐵路公司管理的緣由説得非常到位，讓施德良審看之後，便正式報鐵道部黨組會議研究，形成了一個正式文件。2002年1月1日，青藏鐵路總指揮部正式劃過來了，盧春房任青藏鐵路公司黨委書記兼青藏鐵路建設總指揮部指揮長。

一併而牽全局。當醞釀合併之事塵埃落定時，盧春房的心情反倒輕鬆不起來，千重崑崙從此壓到了自己的肩上。這個冬天，北京剛下過一場初雪，秋風梳理過的水泥森林般的城郭，沉落在雪浴過後的純淨之中。他對青藏鐵路公司組織部長、從鐵道部辦公廳跟他去西寧的劉小雨説：「我們上格爾木去！」

劉小雨不解，問：「盧總，青藏高原此時已雪擁千山，天寒地凍，隊伍都撤下來冬休了，你過去做什麼？」

「穩定軍心！」盧春房説，「越是冬季，越要讓青藏鐵路總指

揮部的同志們步入感情的春天，在開工之前，把士氣鼓起來，把鬥志昂揚起來。」

盧春房先飛到了西寧的青藏鐵路公司，將所有人員召集在一起，説：「鐵道部賦予青藏鐵路公司更大的功能，建設與經營融為一體，我的辦公地點要推到崑崙山下，希望大家都到建設一線去。」十八個員工被董事長的人格魅力所感染，寫了十八份申請。這讓盧春房有了堅強的後盾支撐。

日暮黃昏，他登車西去，直奔格爾木城裏的青藏鐵路總指揮部會議室。人是來齊了，卻一個個耷拉着腦袋，默默地抽煙，空氣很沉悶，表態發言也很死板，場面顯得十分尷尬。

盧春房站起來了，真誠地説：「我由青藏鐵路公司黨委書記身兼總指揮，絕不是來收編青藏鐵路總指揮部的，也不是説前段大家幹得不好，我要帶着一班人來取而代之，而是要更好地整合資源，最大限度地發揮每個人的長處，加強協同。不存在我吃掉你、你吃掉我的事情。我這個人走過很多地方，從基層到機關，從鐵道兵營到鐵道部，毫不自誇地説，最大的優點，就是與人為善，團結搞得好。雖然現在兩家合為一家了，但是每個指揮長的職責權限和待遇都不變。駐勤人員願留下的我歡迎，工管中心來的人員隸屬關係也不變。我希望一個人也不要走，青藏鐵路這樣世界級的工程，人的一生能遇到幾次，參與建設這項工程是我們每個鐵道建設者最大的榮耀。雖然青藏鐵路公司在地理上不佔優勢，可是我們的事業卻是舉世矚目的。我欣賞《鋼鐵是怎樣煉成的》一書裏保爾説過的那段

話，當一個人回首往事的時候，一定會為參與青藏鐵路建設而不枉中國鐵道人的一生。」

隨後他又逐個找大家談心。他對常務副指揮長王志堅說：「你當常務副指揮長，在前邊大膽地幹，有什麼問題，我兜着！」

「盧總，我們跟你幹。」王志堅的眼眶有點發熱。

真誠撼動人心。除了個別駐勤的普通工作人員調離外，青藏鐵路總指揮部中層以上的幹部一個也沒有走。接着他又招募了一批人，擴大了隊伍。

盧春房要在崑崙山和可可西里的冰雪解凍之前，以最短的時間完成磨合，齊心協力打青藏鐵路的大仗。

隊伍穩住了，人心凝成崑崙，盧春房便將目光投向了青海和西藏兩省區。就在十幾天前，青海當地有的包工頭拿不到青藏鐵路的採石工程，竟惱羞成怒，給青藏鐵路總指揮部下絆子，對匆匆路過鐵路沿線採訪的媒體說，青藏鐵路亂挖亂採。很快這個通天的新聞便出現於中央一家電臺很有名氣的早間欄目，輿論一片嘩然。盧春房兼任青藏鐵路總指揮長後做的一件重要事情是：我們不能拒絕媒體的監督。這件事錯不在媒體，是我們與新聞媒體的交流溝通不夠，不必再去與人家叫板，弄個你錯我對，重在引以為戒，有則改之，無則加勉。

隨後，他又一一拜訪青海、西藏兩省區的國土資源廳，廣泛徵求意見，並一趟趟到格爾木市委和市政府溝通協調。市委書記很感動，說：「盧總，你可是堂堂的正廳級，中央部委的大員，我格爾

木市不過一個縣級市，你如此放下身段，我們很感動。說吧，盧總，有什麼事情需要我們解決？」

盧春房一笑：「沒有什麼，我只有一個要求，如果青藏鐵路有什麼事情從地方口反映到你這裏，請事先與我溝通一下。」

「見外了，盧總。青藏鐵路是我們格爾木人民的致富路、幸福路，鐵路的事情，就是我們的事情，凡反映到我這裏的，全能解決。」

「謝謝！」盧春房步履輕鬆地告辭出來。

盧春房的下一步棋，是理順內部關係。他將施工單位的各個指揮長、監理部門和設計單位的頭頭召集在一起，就強調一句話，樹起青藏鐵路的整體意識和精神。他說：「大家擔綱的角色不同，工作也不盡一致，但是只有一個目標，只有一條通天大道，就是永遠一路朝上，朝着崑崙山、朝着唐古拉、朝着拉薩，心連心、肩並肩地走過去，青藏鐵路榮我榮，青藏鐵路衰我衰。以後不論哪個單位，不能再有感情的隔閡，不能再發牢騷，不能對執行上級的指示軟磨硬抗，有事大家平等協商，定了就不能打折扣。設計、施工、監理和物資保障，都要環環相扣，成為一個整體。我有話在先，工作我放手讓大家去幹，出了問題，我盧春房扛着。可是誰要是只顧小群體的利益而沒有大局觀念，辦砸了青藏鐵路的大事，那就走人、走隊伍。」

襟懷坦蕩，恩威並重，說得入情入理，絲絲入扣。各個老總眼睛都蘧然一亮，我們遇上明白人了，跟着他拚命地幹，沒錯。

幹就得有章法。盧春房讓青藏總指的各個部門將資料檔案整理了一遍，發現有的文件只有舉措卻沒有結果。他組織一班人將所有規章制度彙編成冊，一下子制定了二十六七份文件法規，形成了照章辦事、有章可循的新局面。

　　盧春房當了二十年大大小小的指揮長，他覺得自己最成功的一筆，就是擬定施工組織計劃。青藏鐵路開工第一年，一度讓鐵道部領導說了重話，五大實驗段不開工，就住在格爾木不走了，癥結就出在沒有一個清晰的施工組織計劃和指導施工大綱上。他親自佈置，集體論證，請技術專家參與寫出指導施工的大綱，然後一步一步地排出七年間的投資安排、重點工程安排、重點技術方案和質量、環保、衛生安排，每個施工流程，一編就是一二百天，每天做什麼，落實到什麼程度，進度圖表上一目了然。

　　冷山千里我獨行。做完了所有的事情，姍姍來遲的春天已經抵近崑崙山了。盧春房步履輕鬆地回到北京，對領導說：「事情都處理好了，萬事俱備，就等春天上山甩開膀子大幹了。」

　　「還有哪些難題，需要我出面協調解決？」鐵道部領導熱情地問道。

　　「沒有！都辦妥了。」盧春房回答道。

　　「春房，辦得好啊！」領導向這個青藏鐵路前線指揮官投去讚賞的一瞥。

第五章

# 走過唐古拉

❶

❷

❸

❹

❶　曹春筍的妻子闊卓秀

❷❸　樂觀虔誠的藏族同胞

❹　「風吹草地見牛羊」

雅鲁藏布古老的寺院桑耶寺

光明的太陽，

你是我的愛人。

什麼樂土我也曾經到過，

如今才遇到你這個博愛之神呢。

—— 六世達賴喇嘛倉央嘉措情歌

# 最後三根火柴

　　一天傍晚，張魯新出席一個晚宴，宴會廳的電視裏正在播出一部紀錄片《西藏的誘惑》，酥油燈一盞盞地點燃了，在芁野無邊的視野裏展現，嘹亮的藏歌響了起來，他手中的筷子便放下了。凝視着屏幕，一根火柴點亮一盞長明燈，然後便是一條輝煌如長河的長明燈在閃爍，遙遠的青藏路上，一個個朝聖的信徒磕着長頭，越過唐古拉，一步一步朝着神聖的布達拉宮走近，身後卻是廣袤無邊的羌塘草原。

　　青藏未曾入夢來，天路卻在視野中驚現，張魯新的淚水嘩地湧了出來。朝聖者一步一步走過高原，為的是一種虔誠的堅貞，他也一步步橫穿過青藏，走過唐古拉，走遍五百多公里的凍土地帶，為

的是一個皇皇的鐵路夢。

記得那一年的冬天，是由程國棟院士擔任凍土隊長，帶隊探測唐古拉以北的永凍土地帶，這需要穿越無人區。

在距尺曲河不遠的地方，有一天上午，程國棟隊長派張魯新、陳濟清和李烈三個人一組，去測十公里遠的一處凍土地帶，取回科研數據。出發前，程國棟給了他們一張大比例的軍事地圖，炊事員為他們三個準備了一份中餐——三人一聽午餐肉，每人兩個凍饅頭、一壺涼開水。

走出帳篷前，平時愛吃糖的張魯新特意在自己的包裹裝了五顆大白兔奶糖。按照正常的行程，他們上午 8 點出發，下午 4 點就能返回營地。

那是一個大晴天，曠蕩的莽原上天空如海水洗過，不見一絲雲彩，罡風從天堂裏吹來，在那片千里枯黃的草原上捲起萬頃金波，浩浩蕩蕩地朝着張魯新他們湧來。張魯新手執着一張航拍的大比例軍事地圖，在尋找一條河，一條橫過曠埌之野的無名的季節河，按時間應該是在下午 1 點左右抵達河邊，取得所有的數據，然後按時返回營地。

在草原上吃過午餐後，已經習慣了高原氣候多變的張魯新一行三人卻享受不到上午那陽光燦爛、萬里無雲的晴空。祈盼的心靈在等待，卻不急不慢等來了一場劫難。

走到了下午 3 點多鐘，也未見到那條河流。是三個人迷路了，還是大比例的軍事航拍圖出了偏差？誰也未多想，只想找到那條

河，到了那裏就可以返程了。一直到了下午 5 點多鐘，天上的雲朵開始聚集了，那是一場大雨或大雪將至的預兆，可是他們仍然找不到那條河。

「魯新，我們不能再走了。」大鬍子陳濟清提醒張魯新說，「再走下去，可能就會將小命搭上了。」

「那就回撤吧！」張魯新最終放棄了找到那條河的念頭，憑着記憶，開始朝回路走。

翹首望天，此時雲層已經聚合成了一艘巨大的軍艦，浩浩蕩蕩，從他們的頭頂上駛過，天空開始暗淡，剛才還透明的天地一片混沌。天上開始飛雪了，雪狼邁着從容的步子，不緊不慢、不急不躁地朝着他們走來，搖晃着巨大的頭顱，像一個高貴的紳士在向突然闖入它的生活領地的三個男人示威，看誰的意志和忍耐在最後一瞬間坍塌。張魯新已不止一次在荒原上遇到雪狼了，他知道狼並非人類的天敵，它們的緊張和奮起攻擊恰恰是因為人的侵入而令其惶惑，與狼的對峙最好是一種陌生紳士見面時的禮儀，高傲地微微一笑，然後井水不犯河水，視而不見，各走各的通天大道。

雪風長驅，他們就這樣與雪狼擦身而過。走着走着，天已完全黑下來了，風雪迷漫，莽原上早已經伸手不見五指，三個人不知道被命運之神拋於何處，寒風直往衣服裏鑽。他們已經連續好幾個小時未再吃過一點東西了，又累又困，便找了一個避風的山坳躺了下來。陳大鬍子是一個煙鬼，摸出了一支煙，銜在嘴上，想劃火柴點燃。張魯新連忙說：「濟清且慢，暫時不要點煙，告訴我還有多少

火柴？」

陳濟清數了數，說還剩下最後三根。

「不能再動了，那可是照亮我們生命之火啊，留着吧，萬一我們一時走不出去，還可以生火取暖。」張魯新已經做了最壞的打算。

有煙不能吸，陳濟清開始哈欠連天了。

張魯新摸摸身上還有什麼可吃的，突然摸到了那五顆大白兔奶糖，他驚呼道：「天不亡我輩啊！」

陳濟清苦笑道：「張工，你還這麼樂觀，今天晚上難說我們不會葬身風雪之中，有來無回，要做蒼狼的晚餐了。」

張魯新很認真地說：「我說的是真的，我請兩位吃糖！」

張魯新先摸出三顆，每人一顆遞了過去。

「是做夢啊！」陳濟清感慨道。

「不是夢，是真的！」張魯新又將最後兩顆大白兔咬成了六節，每人兩節。

「這可是救命糖丸！」陳濟清和李烈接過來後，咀嚼起來。

細細舐盡了最後一小粒奶糖，身上突然有了力氣。這時暴風雪漸漸地小了，厚厚的雲彩仍然籠罩在頭頂之上，雲罅裂開了一道巨大的雪溝，被暴風雪遮擋了的星星重新在天穹上閃爍了。雪後的高原靜得懾人，唯有風的呼哨如長安城下的塤在尖嘯。張魯新在寥廓空宇下的無人區行走了三四年，他有在戶外曠野中辨別方向的經驗，儘管四處並無參照物，但是冥冥之中，他覺得他三人走的方位並未錯，並未離大本營太遠，但是橫無際涯的大荒原也在考驗着

他們最後的意志。

陳濟清說：「張工，我們不能再走了，就在這個山坳裏等待救援吧。」

「也許這是最好的辦法！」張魯新點了點頭。

三個人蜷縮在一起，似乎在等待楚瑪爾荒原上的最後時刻，等待着一場命運的劫難抑或吉人天相蹣跚來臨。

凍土隊的大本營裏，程國棟隊長在帳篷裏等待着張魯新三人歸來，等到了落日時分，蒼莽的荒原上不見人影，等到滿天飛雪，仍不見風雪夜歸人。他預感到張魯新他們迷路出不來了，便先派一支人馬出去尋找，卻沒有消息。已經離張魯新他們預定回來的時間超過了五個多小時，程國棟隊長急得流淚了，在荒原上作業多年，第一次發生人員徹夜不歸的事情，他將二十多人的隊伍集合起來，兵分三路從東南北三個方向出動尋找，點燃火把，給陷落於黑夜中的張魯新他們以生命的希望之光。三支隊伍朝三個山頭相向而行，在廣漠的荒原上向着遙遠的地平線喊着張魯新他們的名字。

然而荒原莽蕩，太過遼闊了。沒有大山的回聲，戰友齊聲呼喚的聲音，在夜風中顯得那麼聲嘶力竭。喊聲最後變成了一陣陣牽掛生命安危的哭聲，面對荒原無助的哭聲。

「有人來救我們了。」李烈躍身而起，說，「我好像隱約聽到山包上有人喊張工的哭聲。」

「我看到火光了！」陳濟清翻過身，趴在雪山之上，他已經沒有力氣呼喚了。

「怎麼辦，我們總不能坐以待斃吧？」李烈問張魯新。

陳濟清從兜裏摸出了火柴，說：「我有辦法了！點火，向他們發出火光的信號。」

張魯新點了點頭，說：「好，但是不能燒凍土的數據資料，那是我們用命換來的。」

三個人不約而同地點了點頭。

陳濟清將煙盒撕開了，雙手顫抖着，點第一根火柴的時候，突然被一湧而來的雪風吹滅了。

「快點。咱們三個人圍成一團，擋住雪風。」緊要關頭，張魯新幾乎是在命令自己的兩個同事。

三個人迅速圍成一團，將周遭的雪風擋在了身外，陳濟清的手不顫抖了，心卻怦然而跳，重重地劃下了第二根火柴。劃燃了，張魯新立即將捲好的煙盒紙湊上去，第二根火柴點燃了生命希望的篝火。他們舉着伸向天空，向山頭上張揚、晃動。

只在瞬間，手中的煙盒紙就燃盡了。張魯新回頭對李烈說：「將凍土資料天頭地角的空白處撕下來，捲起小紙筒，不要傷及數據。」

李烈迅速將幾個小紙筒做好遞了過來。

三個人再次圍成一團，劃着第三根火柴，點燃那簇微弱的生命篝火，在鴻蒙初闢的大荒上燃燒了三分鐘，他們生命中最漫長也最緊要的三分鐘。

沉沉黑夜中的生命之光，終於被佇立在山頂上尋找他們的程國棟教授發現了。尋找的隊伍呈扇形包抄過來了，終於在一片窪地的

雪窩裏找到了張魯新他們三人，一場生命的歷險讓同事相擁而泣，熱淚滂沱荒原。


# 愛巢築在嶺南無人區


曹春筍給妻子閻卓秀打了一個電話，說要上唐古拉了，便匆匆往青藏高原的項目部趕去。

丈夫遠行唐嶺，妻子也牽掛着高原，在西安至安康線上的閻卓秀已經坐臥不安了，她向處裏的領導申請，欲追隨丈夫上山，可是領導搖了搖頭，說：「你已經搞了十多年的地質化驗了，是臺柱子，不能走啊。」

閻卓秀好生失望，便給唐古拉山上的項目經理高澤輝打電話，說：「高總，我也要上山。」

高澤輝起初不解，說：「你們家春筍已經上來了，再讓你來，我於心不忍，再說我這裏是要幹活的人，不養閒人。」

閻卓秀急了，說：「高總，此話差矣，我可不是閒人，我有十幾年的化驗經歷啊。」

高澤輝一聽樂了，說：「我倒真缺你這樣一個人。」

於是，閻卓秀來了一個不告而別，從西安坐上火車，直驅唐古拉，到了高澤輝的項目部。此前中鐵十七局沒有一個女士上來，她成了千百男人之中唯一的唐古拉的雪蓮。

唐古拉海拔高得驚人，5072 米。閻卓秀投入了唐古拉的懷抱，卻不能與丈夫在一起同住。因為唐嶺之上的帳篷太緊張，不能給閻卓秀單獨安排一個，於是她便與工程部實驗室主任何新階、袁復安、黃海濤、吳傳模四位男同志住在一個三十多平方米的帳篷裏，只在帳篷的一隅，掛一塊彩條布，就算是一堵牆了，隔開一個女人與一群男人的疆界。每天晚上，他們坐在一起打撲克，一直玩到很晚，才各自回到自己的牀上休息。兩個多月的時間，閻卓秀與四位男士同住一個帳篷，聽着他們的鼾聲度過一個個難眠之夜。

因為唐古拉山上只有一個女人，所以沒有為閻卓秀設立女廁所，每次方便時，她就帶上一個小紙牌，上邊寫着「有女同志在」，男士見了便退回去，但是蹲在廁所裏方便的閻卓秀仍是心驚膽戰，既怕男士突兀而入，更怕雪狼長驅直入，因為山坡上總有一隻隻雪狼徜徉周遭，毫不顧忌地闖入他們住的地方。最令她驚悚的是，晚上睡覺時要生爐子，可是到了第二天早晨起來，睜開眼睛一看，嚇一大跳，爐子下沉了一半，帳篷中間已是一片泥，外邊的雪風呼嘯而入，帳篷裏的溫度早已降到了零下 10℃，就連氧氣瓶也凍成了冰瓶，根本無法吸氧。

閻卓秀與四個男人住了兩個多月後，終於可以與丈夫曹春筍住到一起了。在海拔 5000 多米的唐古拉無人區，他們築起一個小小的愛

巢，一個棉帳篷搭起來的小屋。但是歡樂在唐古拉山卻凍成了冰點。

剛開始上山的時候，閻卓秀的高原反應並不強烈，可是到了11月份，滿天的飛雪落在唐嶺之上，一天十幾場的暴雨、冰雹，空氣稀薄到了無法生存的地步。閻卓秀總覺得肚子脹，連飯也吃不進去，一天勉強吃一頓，卻不知飢餓的滋味。最難熬的是晚上，胸口憋得慌，竟然扯到了背部，疼痛難忍，實在受不了，便伏在牀上嚶嚶哭泣。可丈夫照顧不上她，每天晚上將近11點鐘才能回到帳篷裏，見妻子淚流滿面，他也痛不欲生，便説：「卓秀，你回去吧，反正你上山也沒有經過處裏允許，沒有人會説你。」

閻卓秀搖了搖頭説：「不，將你一個人放在這高寒缺氧的地方，我不放心。我要陪着你，哪怕成天躺在帳篷裏，也在所不辭。」

「卓秀！」曹春筍的心中湧出一股暖流，他將妻子攬在懷裏，這是他們在唐古拉山上唯一的表達親近的方式。

「過幾天，我陪你下格爾木去待幾天。」曹春筍説道。

按照中鐵十七局青藏鐵路指揮部的規定，夫妻都在唐古拉的，每兩個月可以到格爾木的招待所裏休息十幾天，洗洗澡，休整一下，也借機過一下夫妻生活。但是曹春筍上山後就沒有時間，閻卓秀又一個人承擔十幾項化驗任務。

閻卓秀苦笑了一下，説：「你那麼忙，哪裏會走得開。還是等冬休下山回太原再説吧。」

「你趴下，我給你揉後背。」見妻子憋得淚水汪汪，已經很疲憊的曹春筍俯下身來，伸出雙手，給愛妻揉背，一直揉得她不再憋

氣了，靜靜地睡熟之時，曹春筍抬腕一看，已經凌晨兩三點了。

閻卓秀似睡非睡，人在唐古拉之上，情思卻飛到了平遙古城。她與曹春筍的相識相愛，多少有點現代年輕人窮追不捨的浪漫。

高澤輝經理見閻卓秀高原反應大，立即讓曹春筍陪她下山，休整習服幾天。從此他專門做出了硬性的規定，在山上兩個月的都必須下到格爾木去休息十幾天，再上山來工作。下山之前，醫生來體檢時，閻卓秀有發燒的症狀，可是也十分奇怪，車至五道梁時，海拔僅下降三百多米，她便有到了蘇杭的感覺，而車至可可西里時，居然不發燒了。

在格爾木休息幾天後，閻卓秀又跟着丈夫上山了。整個 2002 年至 2003 年，他們是唯一一對在唐嶺之上的夫妻。

有一段時間，工程部實驗室的工作實在忙，每天晚上幾臺電腦同時開機，將一天要化驗的數據整理出來時，已經是凌晨三四點鐘，閻卓秀回到帳篷後，發現曹春筍還未回來。她知道，便道的施工，讓十七局一時陷入窘迫之境。自己加班回來了，丈夫仍然在攪拌工地蹲着督導。她最害怕的就是一個人躺在牀上，帳篷漏風，空蕩蕩的，外邊總有犬吠和狼嘯的聲音四起，因為食堂的垃圾場就在附近。她擔心狼會鑽進來，只好把菜刀藏在自己枕頭底下，睜着眼睛看着帳篷的口子，隨時準備與闖入的雪狼一拚，一直等到丈夫回來，她才能如釋重負地鬆一口氣。

到了唐古拉山上，曹春筍太忙了，不再是他為妻子操心，更多的時候，是閻卓秀將一顆心懸在唐古拉之上，徹夜不眠。

有一天晚上，已經過了 12 點，還不見曹春筍回來，工友們説 11 點開完會他就駕車朝着安多縣方向走了，去接機械隊的工班班長。那天下午 4 點多鐘，曹春筍上工地時，只見一輛到拉薩串親戚的藏民的卡車壞了。以前無論是在青藏公路的大道上，還是唐古拉的越嶺便道上，抑或是從未有路的無人區，只要遇上藏族同胞的汽車拋錨了，曹春筍都會情不自禁地下車，幫着修理。那一天藏民的卡車壞在沒有道路的無人區，曹春筍發現後，鑽到車裏修理了半個時辰，仍然不見好轉，茫然四顧，荒原上沒有路可行，便派工班班長送藏民一家到安多。晚上 11 點多鐘，曹春筍開完會後，仍然不見工班班長回來，他既怕車在半路熄火，更怕工班班長迷路身陷無人區，四處都是冰湖，夜間的氣溫已降至零下 40℃，如果車陷冰湖，人就會被凍死，或者遭遇野獸圍攻。他沒來得及向領導請示，便獨自駕車去找工班班長了，最終在一個冰湖找到了。他發現工班班長的車已經身陷湖中，便設法去救，可惜由於夜暗天黑，自己的車也深陷湖中，兩臺車都不敢動彈了，不然凍冰一化，就會車沉湖底。好在離十七局五公司工地比較近，曹春筍朝山岡一看，野狼眨着一隻隻綠眼。他往五公司的駐地走去，帶來了吃的東西，找來了拖車的鋼繩，但是夜晚太黑，只能待到早晨天亮再説。

　　起初閻卓秀以為丈夫加班了，突擊越嶺便道的時候，加班是尋常之事，如今越嶺鐵路標段已展開全面攻關，機械隊長自然是一線領軍人物，他們已經習慣了兩個人見不到面的日子。但是那天妻子的心一片驚惶不安。到了次日凌晨 4 點鐘，有人回來了，外邊叫叫

嚷嚷的，她想可能是出事了，但沒有往丈夫身上想。迷迷糊糊睡到了天亮，她一起牀，就去問出了什麼事情，知道不知道的都在搖頭，後來不知是誰冒了一句，說深更半夜的到哪裏去找，怕是沒有遇上老藏民，天又冷，不凍成冰雕，也說不定成了群狼的盤中餐了。

曹春筍一夜不歸，闊卓秀心憂如焚，雖然孤坐實驗室裏，但是她此時已經是心緒茫茫連浩宇了，無盡無人區牽走了她的心魂。而且流言蜚語也不時傳來，有的說曹春筍送藏民喝醉了，有的則說是進安多縣城瀟灑去了。後來，當高澤輝經理找到冰湖旁的曹春筍時，從不流淚的高經理抱着自己的弟兄哭了。

一場生死劫後，中午終於見到了丈夫，闊卓秀懸在唐嶺的心終於落到了雪地上。在眾目睽睽之下，她將丈夫摟在懷裏，留下了雨點般的吻，然後涕淚泫然！


# 父愛如山，堪與唐古拉比高


2002 年初夏，康文玉被批准上唐古拉山時，已年近五旬，成了中鐵十七局越嶺地段歲數最大的一位職工。

被任命為一項目部辦公室主任那天傍晚，康文玉很高興，但事

先並沒敢告訴家人，只讓妻子包了一頓水餃，拿出了一戰友送給他的一瓶杏花村酒，破例喝了幾口。他已經有好些日子沒有喝酒了。

「文玉！這麼多年來，我還是第一次見你笑。」抱病在家的妻子康香蓮苦澀一笑，説，「遇上什麼喜事了？」

「豈止是喜事，是雙喜臨門。」康文玉抿了一口酒説，笑得很燦爛，小眼睛眯成一條縫。

「雙喜臨門？」妻子有些不解。

康文玉故作深沉地説：「咱們的兒子一楠考上北方交大（2003年改名為北京交通大學），算不算一喜？」

「當然算了！」妻子點了點頭，説，「這倒不牽強，應該算我康家今年第一件大喜事。還有一喜呢？」

「從唐古拉而來啊！」康文玉將上青藏鐵路的通知書擺到了妻子和女兒面前。

「你要上唐古拉？」妻子的神色一片驚訝。

「不行嗎？」康文玉反詰道。

「你都五十的人啦，真要把這把骨頭扔在唐古拉山上？」妻子的眼淚唰地出來了。

「香蓮，沒有這麼恐怖！」康文玉安慰道，「當年青藏第一期，我們的蜜月就是在格爾木度過的，蕾蕾就是在那裏懷上的。」

「別給我提格爾木！」妻子的神情突然嚴峻起來，「如果不是格爾木，蕾蕾也不會這樣。」

「扯到哪裏去了！」康文玉望着癱坐在牀上，除了右手和腦袋，

雙腿和左手都殘了的愛女康蕾蕾，心中有一種揮之不去的隱痛。其實，妻子說的不是實情。蕾蕾患格林—巴利綜合徵，與當時懷孕在青藏高原的關係並不大，而是因為在鄉下錯過了服免疫藥的機會。但他不想再勾起妻子永遠的痛，便換了一種口吻說：「香蓮，上青藏線對咱家絕對是一個好機會。」

「我知道是個機會！但你五十掛零了，你這把歲數的人還有誰上去？」

「沒有事的，我人瘦，上唐古拉能適應。」康文玉笑呵呵地說。

妻子原是村裏的民辦教師，買了戶口進城後，開了兩個服裝門市，生意很紅火。可是自從女兒罹患格林—巴利綜合徵，突然癱了半邊身子後，她便心情頹然，無心戀戰商場，帶着女兒看遍全國的名醫，醫了一個傾家蕩產，自己也恍恍惚惚得了抑鬱症。家徒四壁，就連兩個孩子讀書的寫字檯都是撿來的，沙發也被坐得陷成一個洞了，全家人的衣物就裝在幾個編織袋裏，無一件值錢的東西。丈夫一上青藏線，家裏幾乎就失去了頂樑柱啊。

可是上唐古拉前，日子過得一直拮据的康文玉，突然變得闊綽起來，令妻子和女兒有點不認識了。他一下子向朋友借了兩萬元，給女兒買了一臺電腦和打印機，為妻子買了一臺大彩電。

康文玉就在妻子、女兒的期盼和眷戀中，走上了青藏高原，走上了唐古拉山。一到山上，父親與女兒的聯繫就中斷了。但是在山嶺上每生活兩個多月，就可下山到格爾木的基地大本營休息，這時他便上街給家裏打電話。女兒喜歡文學，在埋頭寫散文和小說，纏

住爸爸不放電話，問爸爸的身體，問西藏的藍天白雲、雪峰草地，還有那一個個築路人驚天動地的故事。

「蕾蕾，爸爸這是長途電話。」康文玉捨不得將在唐古拉辛辛苦苦掙來的錢，都扔給了中國電信，便説，「等我回來，給你講個三天三夜。」

「三天三夜不夠，青藏鐵路人的故事夠講一千零一夜。」蕾蕾在電話那頭説着。

「好！我給你講唐古拉山上一千零一夜的故事。」爸爸答應了。

那年冬天，康文玉下山，回到太原城裏那個簡陋的小家，醉氧的感覺尚未消失，但有一室溫馨和親情相擁，妻子從十年前女兒患病的精神刺激中漸次平復下來，女兒纏着自己講故事，講關於西藏、關於青藏鐵路築路人的故事。

康文玉在醉氧，説着説着就睡迷糊過去了，醒了再接着講，迷迷瞪瞪地給女兒講了許多有關唐古拉那座神山之上的朝聖者、遊客與築路人的故事。那片神奇的土地，那些雪山勝景，在女兒的心中成了一片美麗天國。短短數日，一篇篇關於西藏的奇幻神祕和深情的文章，在康蕾蕾那隻唯一靈便的右手裏一揮而就，發到博客網上後，引起了一片共鳴。

「蕾蕾真棒！」康文玉誇耀的笑聲中，總有一種苦澀的沉重。

康文玉與妻子香蓮是在山西應縣木塔下長大的，「文革」期間，康文玉本是縣城一中數一數二的高才生，1977年入伍到鐵道兵7師。「文革」結束後恢復高考第一年，他信心滿滿地準備參加考試，可

惜時運不濟，在考試那天，他居然得了急性肝炎，等出院時，震撼莘莘學子的高考已經落幕，他只能望着軍校大門興歎了。未取功名唯有成家了。1980 年第一次回山西應縣探親，別人給他介紹了當民辦教師的康香蓮，趁着自己還穿着軍裝，他們僅僅認識了七天，就把婚事定了，這純粹是先結婚後戀愛，然後他帶着新娘遠去格爾木的青藏一期工地，播下愛情的果實，康家從此與崑崙山結下了不解之緣。

翌年女兒呱呱落地，取名康蕾蕾。女兒在一天天長大，活潑聰穎，人見人愛，上小學後，成績一直名列年級第一。但是十歲那年的一天，起牀上學的康蕾蕾突然一聲驚叫：「媽媽，我站不起來了！」那一聲驚叫，將母親的心叫碎了，也將一個小家的歡樂和溫馨震裂了。

妻子盤了自己經營的兩個服裝門市，帶着女兒到處看病，大同、太原、北京走了一圈又一圈，上海、廣州跑了一趟又一趟，專家診斷是格林—巴利綜合徵，預言康蕾蕾可能要永遠躺在牀上。蕾蕾背彎了，身高永遠在 1.3 米凝固了，從此輟學在家，只能跟着弟弟一楠學英語，後來讀到高中的弟弟忙於高考，她就靠聽廣播學英語。

收穫的季節姍姍來臨。那年 12 月 6 日，康文玉剛從唐古拉山上下來，女兒突然說：「爸爸，你回來就好，送我到太原城裏考英語四級。」

「好啊！」康文玉從破舊的沙發上一躍而起，這是女兒第一次與在校的大學生一起考試，他抑制不住心中的激動，說，「我們坐

什麼車去？」

「當然是像春天郊遊一樣，用三輪車馱着我去。」女兒幸福地說，「可是一楠到北京唸大學了，沒有人蹬三輪。」

「爸爸就可以蹬三輪啊！」康文玉感慨地說，「不過，這回得坐出租車，到城裏有十幾里路，蹬三輪，去晚了會耽誤考試。」

康蕾蕾興奮地點了點頭。長到二十二歲，有生以來第一次坐出租車，她能不高興嗎？

第二天早晨，天剛剛亮，位於城郊的街道行人稀少，冰雪將路面凍起了一層冰，晨光灑在路面，光亮光亮的。康文玉早早地起牀了，站在凜冽晨風之中，等了很長時間，終於等到了一輛出租車。他將女兒從樓上背了下來，抱上輪椅，然後與妻子一起將輪椅推到馬路邊，再將蕾蕾抱進車中，把輪椅放在車的後備廂中。出租車穿過清風，從太原城的大街疾馳而過，第一場冬雪後的太原城清冷的街道開始在晨風中熱鬧起來，蜷曲在出租車後座上的康蕾蕾是一個好奇的女孩，俯瞰着車窗外邊匆匆而過的人河，她突然有一種穿過命運隧道的感覺。

出租車司機聽說這個殘疾女青年只上過小學三年級，硬憑着頑強的意志，唸完了大學英語的全部課程，今天要與在校大學生一起競逐英語四級考試，心中頓生敬意。再一聽說她是平生第一次坐出租車時，一種莫名的悲憫和酸楚油然而生。

出租車在考試的大禮堂前戛然停下，康文玉遞過來車費。司機擺了擺手，説不用了，就當是為慈善事業獻一次愛心。言畢，司機

一步跨出車門，幫着抬輪椅。當看着康文玉推着女兒融入冬陽時，他突然在後邊拋下了一句話：「老哥，你養了一個好閨女。」

那天早晨，一個殘疾姑娘，一個輪椅，後邊佇立着身材單薄的老父親，當他們一起走進偌大的英語四級考試教室時，七百多考生不禁蕭然起敬，一個原本與他們並不站在同一條起跑線上的人，終於在同一條跑道上起跑了。

康蕾蕾不負厚愛，待第二年父親上山前，她的英語四級考試成績出來了，成績合格，予以通過。

要三上唐古拉了，康文玉那天出門前，女兒突然仰起頭來說：「爸爸，我也隨你去格爾木。」

「蕾蕾，別說傻話。」康文玉搖了搖頭說，「格爾木平均海拔將近 3000 米，你的身體適應不了。」

「不會的，我在媽媽肚子裏踢打時，就適應那裏了。」康蕾蕾幽默地說，「再則，我喜歡文學，如果能到青藏高原那塊神奇厚土上，尋找到青藏鐵路築路人的素材和故事，對我一生的寫作都會有影響。」

「不行，蕾蕾，聽爸爸的話。」康文玉鄭重其事地說，「趁早打消這個念頭。」

康蕾蕾跟爸爸一起走的念頭暫時打消了，但是那埋藏在心中的青藏情結卻飛揚起來。

當溫婉的春風剛將中國北方變綠時，康蕾蕾就與媽媽上路了，當年爸爸媽媽在青藏鐵路一期從德令哈到格爾木的神奇土地上孕育

了自己，而今天她要緊隨爸爸的腳步而去，去探尋青藏鐵路築路人的輝煌步履。

於是，在西行的列車上，便出現了淒愴的一幕，一位青絲已染白霜的中年婦女，推着自己的女兒出太原城，轉道西安，入蘭州，然後一直往西，朝着城垣一樣崛起的莽崑崙南方，朝青海境內的最後一座城市格爾木走去，去追尋一種青藏鐵路人的博大和沉雄。

但是在唐古拉山極頂的康文玉並不知道妻子和女兒來了。

當山下的電話打到了唐古拉兵站，指揮部通知康文玉，妻子康香蓮攜女千里尋夫到崑崙山下時，康文玉悚然一驚，自言自語道：「我們這個丫頭和孩子他娘，就是與眾不同。」

一項目部經理得知此事，立即派車將康文玉送下山去。凝視着剛從唐嶺下來的又黑又瘦的丈夫，康香蓮哭了，康蕾蕾卻與父親喜極而泣。

「先住下吧！」康文玉拍了拍妻子和女兒的肩膀，「如果身體適應，就在崑崙山下住下。」

康文玉連忙張羅着找房子，向外包隊的包工頭租下了一間小平房，一個火爐子，一張大牀，就將一對尋夫、尋父的母女安置在了崑崙山下。

「爸爸，這真是宗教聖地，太美了！天這樣藍，雲那樣低，簡直就在夢中。」坐在輪椅上的康蕾蕾遠眺着窗外的崑崙雪峰。藍藍的蒼穹，低垂的白雲，將她迷醉了，她開始構造自己夢幻的文學世界。

凝視着女兒清純眸子泛起的感動，康文玉驀然覺得，青藏高原的這片天空，這條鐵路，與康家有一種難分難解的情緣血緣了。

　　然而，下山陪妻子女兒的時間畢竟很短暫。每兩個月，康文玉才能到山下來一次，休息幾天，住到妻子與女兒那間小平房裏，那些日子他突然感到生命也安詳起來了。太陽剛從崑崙山腹地躍了起來，掛在高高的楊樹之上，他就推着女兒出門了。天上雲捲雲舒，朝陽如火，點燃了雪峰點燃了雲團，在湛藍色的天幕上時而如玫瑰喋血，時而似牡丹怒放，時而如棗紅馬奔馳，時而如金鳳凰浴火。看天看雲看山看戈壁，坐在輪椅上的女兒突然覺得戈壁小了，胸襟大了，崑崙矮了，女孩的心志高了。到了夜靜的時候，一家三口人誰也睡不着，蕾蕾就纏着爸爸講唐古拉山青藏鐵路築路人的故事和爸爸自己的故事。

　　有一次，康文玉講到最驚心動魄的一幕。那是 2002 年 10 月的一天，當時便道的圖紙剛到，測繪班長黃運河帶着四個人到遠離工地二十多公里的地方去測道，天早已經黑了，人仍未回來，康文玉叫上皮卡司機黃劍峰去接他們。只見五個人分在五個點上，正專注地測着便道的走向，半山坡尾隨着五隻狼，離他們只有十五六米遠，他們卻渾然不知。坐在皮卡上的康文玉和司機發現後，不敢告訴他們實情，怕引起驚惶，引來群狼攻擊，便喊道：「運河，快叫兄弟們上車。」

　　「康主任，我們就剩最後一點了，幹完再走。」黃運河從夜幕中傳來了回答，卻不知危機四伏。

康文玉發火了：「運河，少給我廢話，快上車，明天再來，活兒有的是給你幹的。」

黃運河帶着兄弟們悻悻然上了車，嘴裏仍然嘀咕着埋怨之詞。

「劍峰，打開車燈！」康文玉吩咐道，「讓運河他們瞧瞧！」

皮卡車發動了起來，遠燈一射，半山坡的一群狼依稀可見，閃爍着綠眼。黃運河等五個人頓時嚇出了一身冷汗，司機腳踩油門，絕塵而去。

康蕾蕾聽到這一幕，眼睛裏跳蕩着一種奇譎的神色，這種兒時的天方夜譚，離父親、離自己卻是這樣近。

過了幾天，父親要上唐古拉了。康蕾蕾艱難地站了起來，要送爸爸出門。

「蕾蕾留步！」康文玉關愛地叮囑。

可是當媽媽起身送爸爸走出小院時，康蕾蕾還是站起來，艱難地挪了出去，十米，二十米，每邁一步，彷彿是一次生命燦爛的逾越。望着父親的背影融進崑崙，融進唐古拉，她覺得父愛重如崑崙，重如唐嶺。

康蕾蕾十歲那年，格林—巴利綜合徵發作，麻痹到自己的肺部，躺在牀上再也站不起來了，癱軟如泥，只有右手和頭部可以動彈。康文玉不能接受這個殘酷的現實，他覺得憑着父愛強大的力量，能讓女兒站起來。於是，每天清晨 6 點，他便將女兒抱起來，把她的雙腿分別捆綁在自己的腿上，自己邁一步，讓女兒跟着自己朝前邁一步，日復一日，年復一年，風雨無阻，冰雪無阻，清風中永遠只

有這對父女在艱難地挪動。

有一天，女兒突然說：「爸爸，我可以邁步了。」

那一刻女兒哭了，爸爸流淚了。

隨後，康文玉朝着整個院子大喊，朝着自己家的門窗大喊：「我女兒能走了！」

人們聽到了一個大男人椎心泣血的哭聲。


# 唐嶺長夜中的平民英雄群雕


青藏鐵路總指揮部要求中鐵十七局於 2003 年夏季修通 137 公里的唐古拉越嶺便道，可是春天過去了，便道仍然遙遙無期。緊鄰十七局標段的十八局頻頻反映，便道不通，車進不去，影響了其施工進度。總指對十七局青藏鐵路指揮部下了最後通牒，如果在 8 月底之前還修通不了便道，那就捲鋪蓋走人。

「這個老董啊！」十七局董事長對貽誤戰機的麾下戰將多少有些失望，只有另擇良將了。

「東明嗎？」董事長撥通了十七局總工程師段東明的電話，他知道此時段東明正在烏韶嶺隧道「救火」，那裏的施工也出了一些

問題，但唐古拉越嶺之戰，非這位幹將去不可了。

「是我，董事長。」段東明的聲音已經從電話那頭傳來。

董事長不說唐古拉，卻問烏韶嶺：「東明，情況怎樣？」

「董事長放心，施工都理順了。」段東明在電話中興奮地說，「施工進程和質量都趕上去了。」

「好！」董事長喟然歎道，「東明真是一個好救火隊長啊，不過現在的燃眉之火可是燒在唐古拉啊。」

「唐古拉？」段東明在電話裏驚訝問道，「董副總不是幹得挺好的嗎？」

「老董在唐古拉是吃了不少苦頭，但幹得並不漂亮！」董事長在電話中感歎道，「總指已經下了最後通牒，8月下旬唐古拉便道不開通，就撤隊伍。」

「哦！」段東明此時才知道唐古拉形勢不妙了。

「你馬上過去組織『831』攻堅戰，這是便道通車的最後時間節點。」董事長在電話中命令道，「我交代完工作就趕過去，這可是十七局的背水一戰了。」

「董事長，你就在家坐鎮指揮吧。」段東明深切地說，「唐古拉海拔太高，就交給我吧……」

「坐鎮指揮！東明啊，我早已經坐臥不安了。」董事長顯示了自己的決心，「你先去，我隨後就去唐古拉坐鎮督戰。」

8月1日，段東明從烏韶嶺回師蘭州，坐上西去格爾木的列車，三上青藏，稍事習服後，便朝着唐古拉趕了過去。對於中鐵十七局

來說，絕地之戰僅剩下最後三十天了。他到工地轉了一圈後回到唐古拉兵站的指揮部，發現問題頗多，局指在上承下達上考慮欠周，上與青藏總指溝通不夠，下與項目經理部聯繫不暢，四十多公里的地段沒有電話，全靠汽車兩頭跑，出了問題，對項目經理部斥責過多，竟然不知他們後勤補給不善，有時僅靠吃方便麵度日，管理渠道也比較混亂。

弄清了便道剩餘的工作量，段東明開始重排工期，他以 8 月 31 日為倒計時往前推，每天幹什麼、完成多少土石方量、橋涵建到什麼程度，一切責任到人，誰完不成任務就打誰的板子，確保便道按時竣工，確保十七局的信譽不再受損。

「先將鐵路工程全面停下來，全力突擊便道！」段東明到了唐古拉的第一個舉措就是一切為便道讓路，「再調八百人上山，充實力量，全線鋪開搶一條路。」

力挽狂瀾唐古拉。段東明上山數天之後，中鐵十七局的便道施工終於進入了一個正常有序的軌道。

8 月 15 日，十七局董事長上到了唐古拉兵站，坐鎮指揮搶通便道。段東明看到董事長已經年逾五旬，住在海拔近 5000 米的唐古拉兵站，呼吸都很困難，便勸他下山：「董事長，這裏有我和局指的其他人員，你就下山吧。」

董事長搖了搖頭，說：「東明，哪天便道開通，我哪天下山。」

「唐古拉海拔太高了，你的身體……」段東明善意地勸道。

「沒事的。我哪怕就是成天躺在唐古拉兵站裏，也是對全線職

工的一個鼓舞啊。」董事長苦澀一笑道，「何況，帶着氧氣瓶，我也可以上山啊。」

段東明說服不了董事長，只好與十七局局指的負責人各負責一段，確保 8 月 31 日那天便道正式開通。

8 月的唐古拉天空雖不時地飛過一群群灰頭雁，卻已經進入了一個多雪多雨的季節。一片雲就是一場雨，一陣風掠過一場雪。

最悲壯的一幕是一處所在的唐嶺上，那裏海拔逾 4950 米，有一段三公里多長的便道。一天，下了好幾場暴雨，推土機推來的泥土全部化作了泥漿，便道不能成型，只好又將其鏟走，重新從十八局的石料場運來石頭，用鋼筋攏編成路基，將石頭填進去，再覆蓋上泥土，用壓路機碾壓。可是雨仍然在下，暴風雪也不時湧來，偶爾太陽也會從雲縫中擠出來。情急之下，一處的項目經理部經理派人從安多縣城買來三萬平方米的彩條布，一捲三十多米，鋪開了連接在一起，足足有三公里多長，將墊上泥土的路基全都鋪蓋上彩條布，防止雨水往下滲透，等太陽出來的時候，就揭開彩條布，讓太陽暴曬。有一天晚上 11 點多鐘，突然狂風大作，電閃雷鳴，一道道曳着藍色弧光的閃電，如金蛇狂舞般地撕開黑幕，颶風將小石頭壓着的彩條布吹了起來。眼看着費了一週心血重新碾壓的便道路基又要泡湯，一處一百多名築路人全都上去了，就連甘肅山丹招來的十名女民工，也跟着爬上了路基，從兩百米遠的地方搬石頭壓彩條布。天太黑，雨又大，溫度已經驟然降至了零下，許多工人的衣服都給寒雨淋濕了，凍得瑟瑟發抖。項目經理一看抬石頭的人群，天黑路滑，行

動太慢，彩條布仍在暴風雨中飄蕩，如注的雨水仍在往路基上滲透，連忙下令工人坐下，用身體壓住彩條布，不讓雨水下滲。

於是，黑夜中的唐嶺之上出現了驚心動魄的一幕，一百多名築路工人，三十米一個，一路排開，如鐘般坐立在彩條布覆蓋的公路之上，用身子壓住彩條布，不讓其隨風飛揚。風雨中的唐古拉之上，風仍然在颳，雷仍在轟鳴，閃電白晝般地瞬間照亮莽原，雨水順着人的衣領往身子裏鑽，但是沒有一個人退縮，就連那十名普通的女民工，也背靠背地坐在彩條布上。一個百名普通人組成的英雄群雕震撼了山神。

這時，夜幕中突然有四五隻狐狸和棕熊不緊不慢地溜了過來。也許人們太關注自己身下的彩條布了，沒有一人注意到狐狸和棕熊就在身邊巡弋，而唐古拉山上的精靈似乎也被人類這種罕有的壯舉震懾了，不敢貿然侵入人類的領地，只有幾雙螢火蟲一樣的眼睛在悄然閃爍。

寒夜五更長，在唐古拉之上，每一分每一秒都是那樣的漫長，一百多人一直枯坐到凌晨4點多鐘，風停了，雨不下了，一項目部經理才喚人回撤。當時已經有不少人凍僵了，連站起來的力氣都沒有了，大家攙扶着，手挽着手，回憶剛才經歷的一幕，禁不住熱淚盈眶，相擁而泣。

雨過天晴，便道保住了。段東明看按時完成主體沒有一點問題了，便對董事長說：「董事長，我們該下山去向總指揮部彙報了。」

董事長點了點頭，說：「這項工作應該做，但時間是不是非得

安排在現在？」

段束明看到董事長已經在唐古拉山蹲了十多天了，怕他的身體承受不了，有意讓他下山舒緩幾天，於是變着法動員他下山。

董事長被他說動了，於是一同驅車下到了格爾木，向青藏鐵路公司黨委書記兼指揮長盧春房彙報。當時對於十七局耽誤便道施工的戰機，下邊曾經盛傳有三條路可以選擇，第一是撤隊伍，第二是限制半年不許鐵路投標，第三是換指揮長。董事長與段束明商量，準備了後兩條作為接受懲罰的方案。

但是聽說 8 月 31 日能夠完成工程主體，9 月 6 日保證鐵道部領導的專車通過便道，仍然有着軍人血性的盧春房對這支哀兵唐古拉之役的絕境逢生尤為滿意，何況中鐵十七局所在之處是世界海拔最高的地方，縱使躺在那裏也是一種奉獻啊。

青藏鐵路總指揮越寬容，十七局董事長越覺得心裏有愧，說：「我們還是選擇換指揮長這個最輕的處罰吧。」

「好啊！」盧春房寬宏大量地笑了，說，「我們尊重中鐵十七局的意見，原本是準備打重板的，既然你們已經考慮提出了方案，我非常贊成。我們不發通報了，按你們的安排辦。」

「謝謝！」十七局董事長緊緊地握住盧春房的手，說，「感謝盧總給了十七局最後的機會。」

「不！」盧春房搖了搖頭說，「在最後的時刻，是你們十七局在唐古拉山上自己拯救了自己，也證明了自己。」

# 唐古拉之南「空降 101」

　　盧春房在下一着險棋。

　　日子在一天天流逝，望着青藏鐵路修通的時間即將過半，鋪軌架橋的鐵軌剛越過楚瑪爾荒原，向着沱沱河挺進，他認為，等中鐵一局鋪架到了安多，再讓中鐵十一局的鋪架隊伍乘坐臨管的列車上去，接着往拉薩方向鋪架，為時已晚，2006 年底基本鋪通的計劃就有點懸了。

　　那些日子住在崑崙山下，盧春房晚上總睡不着覺，躺在牀上思考着第二天的工作，腦子飛速地旋轉，偶然打開電視，盡是美軍對伊拉克城郭的狂轟濫炸，硝煙滾滾，空降 101 師的作戰場面鋪天蓋地，給了他很大的觸動和震撼，指揮一條鐵路的建設，如同指揮一場大戰，善出險招者，方能出奇制勝。

　　一個大膽的計劃在他腦子裏孕育。按青藏鐵路的施工流程圖，安多鋪架基地要等鐵路鋪過唐古拉後，才能將鋪架大型設備運過去。現在能不能提前進入角色，在鐵路列車尚未開通之時，用公路將中鐵十一局和中鐵一局一部投過去？這樣中鐵一局一部從安多往

唐北方向鋪架，與從崑崙山方向鋪架過來的隊伍會合，而中鐵十一局則從安多往拉薩方向鋪架，由中間朝着唐古拉山南北相向而進，就可以加快鋪架步伐。

　　盧春房掂量已久，覺得這雖然是一步險棋，但勝算的概率很大。從 2001 年年底整合兩支隊伍，將青藏鐵路公司黨委書記、總經理和青藏鐵路建設總指揮部指揮長的重任一肩挑之後，就像過去在每條線路上擔任指揮長一樣，他最看重的就是施工組織設計。上任伊始，他對青藏鐵路的工期安排、投資安排、質量措施和技術方案花的心血最多，理得清清楚楚，而技術方案更是潛心研究，千里青藏鐵路線，哪些是重點，哪些需控制，早已成竹在胸。在崑崙山、三叉河、清水河大橋、風火山隧道和長江源大橋等項目上，確定了三十二個重點，幾乎每一次彙報，每一次到工地檢查，他都要親自過問進展和落實情況。而控制的重點則是工期，如今青藏鐵路的路基工程已接近尾聲，鋪軌架橋成了重中之重，凍土地帶有八十公里改變設計，以橋代路，這樣就增加了八十公里的橋樑，若等通過鐵道運上去，再進行鋪架，架一百米的橋，等於鋪三公里的軌道，一天架一百米，八十公里的橋就等於要增加八百天的工期，而青藏鐵路冬季又不能施工，對按時竣工無形中增加了巨大的壓力。

　　啟動安多鋪架基地已刻不容緩，但是空降中鐵十一局過去，就意味着要將架橋機和火車頭大卸八塊，從公路運輸，翻越唐古拉山，風險係數很大。青藏公路的橋樑能不能承重，會不會因為超寬影響運輸，這一系列的問題，盧春房事先都考慮過了。2003 年上半年，

全國籠罩在一片非典的陰雲之中時，他的空降方案便開始醞釀了，讓青藏鐵路總指副指揮長那有玉和青藏鐵路公司的張克敬進行調查，諮詢西藏交通廳有關部門，拿到青藏公路每座橋涵的承重數據，同時，中鐵一局和十一局的工程師也參與計算，很快算出了數據。

盧春房搖了搖頭說：「你們算的只能供參考，我要青藏公路建設管理局的數據。」

在等待的日子裏，他叮囑那有玉和張克敬：「到西安、武漢和蘭州諮詢調研，大件運輸的車體的重量、輪重、行走時速及承重，將這些綜合的因素都考慮進去，計算道路和橋隧的承重量，看哪家運輸公司能夠做大件運輸。」

在高效率的運作下，短短的時間裏，所有的數據都出來了，青藏公路的橋涵可以承重超大件運輸。

「好！」平時溫文爾雅的盧春房抑制不住內心的激動，說，「我馬上向鐵道部領導報告。」

部領導聽了盧春房的方案後，點頭贊同。可是方案一出，鐵道部機關內的爭論卻很大，畢竟這在鐵道建築史上是前所未有的，擔心自然也就多，鋪架機可是幾百噸重的龐然大物，再說讓汽車背著火車頭過唐古拉山，是不是風險太大了。建設司副司長張梅與盧春房共過事，了解他的性格和能力，便對機關有關部門說：「別再討論可行性了，盧春房幹這個事比我們內行，他早就論證好了，萬無一失。」

領導力排眾議，迅速做出了戰略性的決策，他將盧春房叫進自

己的辦公室，交代道：「老盧，鋪軌架橋，你是內行；運輸，我是內行。我們兩人分個工，我負責機車的拆裝運，你負責鋪架機的拆裝運。至於機車的拆裝運，我派一個人去，你管飯，經費就不要了。」

「謝謝！」盧春房心頭一熱，他知道領導是用另一種形式在鼓舞支持自己，他當然不能讓領導操心了。

2004 年 3 月，內地早已寒山春暖，杜鵑啼血，而青藏高原上仍然千嶺披雪，一片死寂。中鐵一局已經將一個個機車頭和鋪架機從鋪好的鐵路上轉運到了秀水河，在一片露天工地，大型龍門吊矗立在了千古莽原之上。

3 月 1 日，中鐵一局鋪架隊隊長王保衛和書記張樹廣帶着隊伍，上到了海拔 4580 米的秀水河工地，搭起帳篷，專門對總重 130 噸的東風四型機車頭進行解體。

隊伍剛在秀水河紮下營盤，盧春房就帶着那有玉趕來了。他對那有玉說：「你給我盯着，看着鋪架機和機車解體，運過唐古拉，每個步驟都要考慮周全，絕不能出一點差錯。」

「盧總放心！」那有玉點了點頭，他知道盧總的領導風格，大事情上登高望遠，可是到了抓落實時，又非常注重細節。

盧春房對那有玉的表態頗為滿意，轉身對中鐵一局指揮長馬新安、十一局三處項目經理李陽叮囑道：「架橋機分成幾件解體，解體過後尤其要注意大臂彎曲變形問題。運輸過程中，一定要及時給司機供氧，準備好乾糧和水，行車的速度控制在一個小時十五公里，

跑兩天時間，第一天從秀水河到沱沱河，第二天從沱沱河到安多，選天氣好的時候翻越唐古拉山。」

張樹廣帶着人在秀水河解體第一輛機車。當時中鐵一局有 5 臺機車要解體後運至唐古拉，中鐵十一局則有 28 個機頭需要解體，他們要將列車機頭大卸五塊，分解成車體、柴油機、油箱等五個部分，即使這樣，最重的車體仍然有 78 噸之重。他們蟄伏在秀水河的荒原上對一個龐然大物動刀，七級大風遮天蔽日，將楚瑪爾平原吹得天昏地暗，張樹廣帶着弟兄們早晨 8 點鐘起來幹活，中午吃過午飯後也不休息，北風掠過，吹在肌膚上如刀割一樣疼痛，暮色時分，狂風才停歇下來，晚上回到帳篷裏才能吸點氧氣，舒緩一天的疲憊。

在狂風中整整幹了十天，10 日那天裝車成功，第一輛大型運輸車將東風四型機車頭正式運往了安多基地，一天兩臺機車，源源不斷翻越唐古拉而去。3 月 18 日，第一臺機車在安多中鐵十一局鋪架基地安裝試車成功。

從 3 月 1 日至 6 月 15 日，在 100 多天的時間裏，全部機車頭和鋪架機解體運到了安多鋪架基地，160 節平板也都如數運到，真正做到了人不碰皮、車不碰漆。從 2004 年 6 月份起，中鐵十一局向拉薩方向鋪架，中鐵一局則向唐古拉山北麓挺進，到了年底，安多向拉薩方向鋪了 200 公里，向唐古拉方向鋪了 40 多公里。

消息傳到北京，鐵道部領導對盧春房說：「春房，你幹了一件非常漂亮的事情。」

然而，盧春房並沒有沉醉在「空降101」的喜悅之中。青藏鐵路的路基建設已近尾聲，鋪軌架橋已逾一半，此時他考慮最多的是青藏鐵路的運營問題。

　　瀏覽盧春房的人生閱歷，乍一看，他給人的第一印象似乎是一個鐵路建設專家，其實不然，在他的經歷中，曾與鐵路運營生產打了很長時間的交道。還在中鐵十一局當副處長、處長時，他就管過寶雞至中衞、京九線贛州至吉安等監管線上的運輸生產，因此對運營一點也不外行。出任青藏鐵路公司籌備組組長的第一天，有關運營的管理模式、機構設置、人員編制就一直在他腦海中醞釀。有很長一段時間，他吩咐西寧分局和青藏公司拿方案，但一次次研究下來，仍然沒能離開傳統路子，對青藏線高寒缺氧的特殊性認識不足，依舊是這個點設段，那個地方派人，車（車務）機（機車）工（工務）電（電話）車（車輛），五臟俱全，站上要蓋很多房。翻閱過這些運營方案後，盧春房搖了搖頭，將有關人員找來，給了他們一個原則，說：「寧可在山下多蓋房，不要在山上多設站；寧可在山下多住人，不要在山上放人；上邊條件艱苦，不適合住人。」

　　方案出來後引起了一場軒然大波。一些生產單位考慮在沱沱河設行車公寓，盧春房堅持不幹，說：「寧願掛着一個車廂，跟着車走，也不能將列車員中途放在沱沱河，那裏海拔超過了4500米，已經是生命的禁區，車廂裏有氧，這對人也是一種關懷與愛護。」

　　鐵道部的一位機務老專家卻認為生產單位的意見是合理的。

　　盧春房反問道：「你到沱沱河住過嗎？」

老專家搖了搖頭，說：「沒有。」

「好！你認為那裏好，你去住幾天試試。」素來與人為善的盧春房針鋒相對，不是為自己的尊嚴面子，而是為了普通乘務員的生命健康。

第一個大的運營方案出來，張克敬拿着給盧春房彙報，盧春房首先問編制多少人。

張克敬說：「按照鐵一院設計編制九千人，我們根據盧總定下的原則，減到了五千人。」

「太多！」盧春房驚愕道，「這條線上，最多三千人。」

「還要壓下去兩千人？」張克敬愣怔了。

盧春房堅定地點了點頭。

但是更令盧春房驚訝的是部領導開闊的思路。有一天，領導將盧春房叫進了自己的辦公室，說：「春房啊，青藏線的運營，我給你一個原則，用人要少，上邊的房子要少，但是你們的設備要更先進，把蓋房子的錢節省下來，用在搞先進無人看管的設備上去。」

盧春房聽了後點頭道：「領導，我們也是按這個原則思考運營的。」

領導饒有興趣，問：「你在這條線上編制多少人？」

「青藏公司拿了一個方案，五千人，我想壓到三千人。」盧春房答道。

「三千人？」領導搖了搖頭，說，「太多了，四百五十人足矣！」

盧春房驚愕地說：「拉薩是自治區首府，要多一些單位，考慮設客運段和機務段。」

領導笑了，說：「春房，設那麼多機構做什麼，拉薩客運段和機務段統統壓掉，由格爾木和西寧管過去。實行隨乘制，列車員中途不再下車。」

隨乘制，這在中外鐵道運營史上還是第一次。

盧春房親自主持研究，與北京交通大學聯袂搞出了一份《青藏鐵路運營管理模式研究》，構思出了一套青藏鐵路運營管理的新模式。

2005 年 1 月初的一個傍晚，盧春房在青藏鐵路駐北京辦事處的辦公室接受了我的又一次採訪，向我描繪了青藏鐵路運營的圖景，他說：「青藏鐵路將來只在幾個主要的站點上派人管理。一些小站安裝世界最先進的控制儀器，採取遠程監控無人管理，列車路過某些站點時，專門在站臺上設有觀景臺，讓遊客拍照片，中途不下人，車廂裏實行彌散式供氧，遊客坐在車廂裏，不會再有高原缺氧的恐懼和窒息感了。」

我被盧春房勾畫的圖景所陶醉，開玩笑地說：「青藏鐵路正式開通時，我能成為你們的第一批旅客嗎？」

「歡迎啊！」盧春房笑着說，「你在為我們青藏鐵路撰寫一部皇皇大書，理所當然要成為我們的第一批客人。」

第六章

# 吉祥天路

① 青藏鐵路項目總工程師李金城

② 羞澀的勇士羅宗帆

③ 段晉慶（右）與作者在高壓氧艙裏交談

④ 青藏高原上的湖水

這月去了，

下月來了；

等到吉祥白月的月初，

我們即可會面。

—— 六世達賴喇嘛倉央嘉措情歌

# 莽蕩無語一金城

極目遠方，曠野無邊，雪風之中似有鬼魂在哭泣。萬里羌塘無人區橫亙於前，青藏鐵路項目設計總工程師李金城面臨着最艱難的一仗。

2000 年 9 月 10 日，李金城組成一個突擊隊，自己親任隊長，穿越唐古拉越嶺地段到土門無人區，完成定測。如果這四十公里的絕地定測和物理勘探不做完，就會影響下一步的圖紙設計工作。

那些日子，他們住在唐古拉兵站，海拔接近 5000 米的地方。9 月 11 日早晨 6 點，匆匆吃過早餐之後，他們便開始登車而行，頂着唐古拉如瀑般狂舞的飛雪，朝着無人區走近，也朝着死亡地帶一步步走近。汽車艱難行進到了中午 11 點，整整五個小時，才來到

了步行出發點。

下車伊始，幾輛小車紛紛陷到沼澤裏了。李金城叫三橋車在那裏相救，然後對由三隊和物探組成的四十人的隊伍說：「我們要從這裏測至土門的出口，眼前有四十公里的莽原，必須在一個白天和一個晚上定測通過。現在大家對裱，我們就從北往南突擊，三橋車和小車繞道在南口等我們。」

站在一片隆起的土丘上，李金城的前方是一片沼澤無人區，茫茫無際，車不通行，互古以來就很少有人從上邊蹚過。

勘測隊的行李和帳篷原來馱在犛牛身上，可是犛牛不願馱，亂顛亂跑地甩掉背上的行李，跑到河裏打滾，將馱着的東西甩得滿山遍野。

「我們背着徒步而行吧。」李金城望牛興歎，「只有一個白天和一個晚上的時間穿越這四十公里，我們在土門公路入口處見。」

於是，一支孤旅朝嶺南而行，每人負重十三四公斤，朝着無人區挺進，一個人一公里，在沼澤地上踩着草墩子跳躍而行，有點像青蛙的凌空一躍，稍微不慎踩塌了，就會沉入沼澤之中，若深陷其中，便有滅頂之虞。

李金城叫人打開衛星電話，卻是一片盲區，如果出現意外，他們就會一籌莫展，呼天天不應叫地地不靈了。於是，他硬性規定，每個小組只選一段，距離不能太遠，如果出現意外，也好相互照應。到了下午 5 點多鐘才走到測量點上，大家縱線排開，前邊丈量，中間打樁，後邊緊跟着查定組和抄平組。無人區雪風很大，一天四季，

一會兒日出，一會兒暴雨如注，一會兒萬里無雲，一會兒狂雪連天，冰雹下來的時候，如玻璃珠一樣大小，都能將頭打腫。後來大家有了經驗，一見冰雹如彈丸傾瀉，便躬下身子，抱着頭讓其砸背上，就這樣一步一步地往唐古拉以南的羌塘推進。

目睹此情此景，李金城吁噫感歎，一個多月來，蘭州分院十二隊和三隊就在137公里的望唐到安多的無人區裏，歷盡千辛萬苦，與死神一次次擦肩而過。他清晰地記得，有一天物探隊的經理梁顏忠率領三十八人在唐古拉越嶺地帶勘探，課題是進行地質和地球物理的人面積鑽探，最深的鑽孔有一公里，最淺的鑽孔也在五十至二百米之間，用炸藥激發地震波傳導出來，掌握地震異常的狀況。他們只帶了一頂三四米長的小帳篷上來，到了天黑之時，他們才找到一塊乾燥的地方搭起了帳篷，一下子擠進了三十八個人，一個擠一個，側身而臥，如插筷子一般緊巴。如果有誰起身上廁所了，再回去時，原來的位置就沒有了，只好換着睡覺。那天晚上，既沒有吃的，也沒有取暖的設施，帳篷外邊雨雪交加，棕墊積了水，他們只好鋪上彩條布，睡在彩條布上，身下卻是一汪汪的水。

最痛苦的莫過於吃飯。開始幾天，他們帶着方便麵和壓縮餅乾進入無人區，水燒到60℃就開了，泡方便麵時，外邊已經好了，麵心卻是硬的，再泡一會兒，麵心仍未泡開，麵湯卻已經結冰了。湊合吃一天兩天還可以，到了第四天的時候，大家見了方便麵就想嘔吐，吃飯成了無人區裏最難受的事情。直到有一天把高壓鍋帶上來了，將麵條與罐頭混在一起煮，竟然有過年一樣的感覺。

而拉通越嶺地帶的四十公里，是李金城率隊必須打的一場硬仗。

　　一場暴雨過後，天放晴了，突擊隊趁亮往前推進，頗為順利，可是到了晚上八九點鐘，天漸漸黑下來了，烏雲壓得很低，幾簇秋夜的寒星似乎伸手可摘。風中傳來了一陣陣蒼狼的狂嗥，棕熊也一步一步地向他們靠近。夜的荒原上伸手不見五指，唯見蒼狼的眼睛閃着綠光。裝有五節電池的手電筒射光在測量儀的棱鏡上，如故鄉秋夜的螢火蟲，時隱時現。前半夜許多電筒只亮了三個小時就沒有電了。平時的通視距離是五百米，可是在越嶺地帶的夜幕中，兩百米打一個點，棱鏡靠光束連通抄平，不發射的時候就停下來，前點的手電給鏡子一個信號。天又下着雨，只能通過步話機聯繫。四周一片黝黑，滿山遍野就幾隻手電在晃動，最後沒有電池了，只剩下李金城的手電還有電，他便持着電筒前後跑，跑着跑着他的手電也沒有電了。負責警衛的鐵一院公安段的警官蔡建武鳴槍喊大家聚集在一起，鳴了兩次槍，十六個人才聚集在一起。也許因為體力消耗太大，也許是因為沒有帶上足夠的藥物，跑着跑着，李金城突然癱軟在枯黃的草地上了。

　　「李總，你怎麼了？」梁顏忠撲了過來。

　　李金城此時氣喘吁吁，說：「我的缺鉀症老毛病又犯了。」

　　「藥呢？藥放在什麼地方？」梁顏忠與三隊隊長一齊圍了上來。

　　李金城長歎一聲，說：「也許是羌塘亡我呀，早晨我從唐古拉

出來的時候，好像記得帶了鉀片的，可是現在卻沒有了，不知是丟了，還是我真的忘了帶了。」

「李總放心，有我們在就有你在。我們輪流背你出去。」梁顏忠說道。

「老梁，你最重要的是照顧好自己！」李金城知道梁顏忠進了無人區後血壓已飆升到了 180/140，二十天吃了一百多片去痛藥，比自己的狀態並不好多少。他搖了搖頭，說：「我一百六七十斤的，誰能背得動啊，還是扶着我走吧。」

蔡建武過來了，說：「李總，我來扶你！」

可是剛走幾步，李金城便渾身發軟了，走幾步一個跟頭，於是只能邊幹邊摔跟頭，邊摔邊往前走。到了第二天凌晨 3 點多鐘，終於走到一個人去房空的藏包跟前，他一步也邁不動了，對大伙說：「我不能拖累大家了，建武，你們先出去吧，留一支槍給我，以防蒼狼，你們找到出口再來接我。」

「不！我們絕不能扔下你！」蔡建武搖頭說，「所有的人都投了反對票，說要死就大家死在一起，我們絕不能扔下李總不管。」

躺在藏包旁的李金城被扶了起來，卻一步也邁不動了，剛走兩步便嘩地癱軟在地上，他揮了揮手說：「我不能連累大家，我就躺在這裏，你們找到出口後，再來接我，這是命令。」

梁顏忠搖了搖頭，說：「在這個事情上，你得聽大家的，我們不能扔下你。莽蒼羌塘，方圓幾百里無人煙，扔下就是死亡。」

「你們過來！」梁顏忠叫過兩個體壯個高的職工，命令道，「就

是拖也要將李總拖出無人區。」

兩個職工連拉帶拽，把他扶了出來，走到一處藏民放牧遺落的圍欄前，找來牛糞生火取暖，這時天已經麻麻亮了。躺在荒草上的李金城問：「還有多少公里沒有貫通？」

「還有七公里。」梁顏忠說。

李金城沉思片刻，說：「如果出去找出口，再返回來，又是將近十四公里。楊紅衞，你帶着六個人打通最後七公里，把這段任務完成。」

在場的人紛紛將乾糧和食物給了楊紅衞等七人。

天一亮，楊紅衞一行便出發了，找到間斷點，將最後七公里貫通時，卻已是傍晚了。

公安段長一大早就帶車停在土門公路的路口等待了，原定是早晨會合的，此時離約定的時間早已經過了好幾個小時，遠望着雨中的莽蒼，始終不見一個人影，他憂心如焚地佇立在荒原上眺望，冥冥之中，預感到是出什麼事情了。公安段長當機立斷，派兩個人離開汽車，爬到東西兩側的山巒，隔半個小時鳴一次槍，以槍聲召喚李金城他們回來。

李金城他們在無人區裏整整幹了三十個小時，終於將四十公里的地段全部測通了。弟兄們攙扶着李金城，像一群從戰場上歸來的勇士一樣，朝着約定的地點趔趄而行。這時已經是第二天晚上七八點鐘了。

「李總，汽車，我看到汽車了！」走在前邊的蔡建武激動地

喊道。

九死一生的人們都朝前方看去，只見雨幕中一排汽車停在了暮
靄之中。所有的人都哭了。

「我們得救了！」李金城驀然回首，突然發現這片隆起的山丘
就像一個巨大的墳墓，只是他們幸運地又逃過了一劫。


# 風火山上一壯士


深圳電視臺拍攝紀念改革開放三十年的紀錄片時，其中一集取
名為《2006 年，有一個車站叫唐古拉》。他們讓我推薦一名築路工
人代表，在駛向拉薩的列車上，與我一起談築路者的往事，我第一
個想到的人便是羅宗帆——風火山出口施工隊副隊長。

2002 年初，中鐵二十局的隧道出口施工隊副隊長已經換了好幾
個，卻一直未尋找到理想的人選，況成明有點悵然。

那天，局指副指揮長兼總工任少強對況成明說：「況指揮，我
給你推薦一個人選。」

「是誰？」況成明已經讓任少強接過風火山出口施工隊隊長的
職務，選副手當然要尊重任總的意見。

任少強說：「羅宗帆，你認識的，過去都是 47 團的老兵。」

況成明在搜索記憶後說：「想起來了，是 1981 年入伍的那批四川兵，當年他們入伍到關角隧道時，隧道已經貫通了。」

任少強說：「對啊，可惜那個年代我還在讀書呢，自然沒有這種幸運了。」

況成明說：「在我的印象中，羅宗帆是搞機械出身的，對架橋很在行，打隧道恐怕並非他所長吧？」

「一點問題都沒有，他曾經在好幾個項目上給我做過副手，如今是西安繞城高速公路項目部的副經理，打隧道、架橋都是一把好手。」任少強掩飾不住對羅宗帆的欣賞。

況成明點了點頭：「既然任總如此看重，我沒有意見。你是風火山出口的施工隊隊長，副隊長的人選，你說了算。」

「好！就這麼說定了。」

2 月 4 日，羅宗帆正在西安繞城公路項目部主管滻河特大橋的調裝，兜中的手機突然響了，是任少強打過來的，說：「宗帆，風火山隧道，你上不上？」

羅宗帆打了一個激靈，一點猶豫都沒有，立即答道：「上！」

羅宗帆早已對青藏鐵路項目心馳神往，那天從架橋工地上走下來時，步履邁得好大，恨不得一步跨越崑崙，跨上風火山。原以為青藏鐵路之夢離自己越來越遙遠了，卻想不到突然變得這麼近。十六歲當兵時，他去的就是青藏鐵路第一期，成了主攻關角隧道的鐵 10 師 47 團的一個兵，可惜當時關角隧道已經全線貫通，他因

長相靦腆，歲數又小，說話時羞澀一笑像個姑娘，被連長選去當了通信員，從老連長的口中他聽說了許多關於關角隧道的傳奇。自從1984年離開關角下山之後，他人雖然不在高原，卻總是冰雪千重崑崙入夢，揮之不去的青藏情結折磨了他好多年。

匆匆收拾一下東西，他就趕回咸陽，與妻子雷惠芳和兩歲的女兒告別。妻子一聽他要去青藏鐵路，擋着不讓走，說大小子剛去世不久，小女兒才兩歲，青藏咸陽隔着千山萬水，此去經年何時才能歸啊。

羅宗帆給妻子做了一個晚上工作，築路人的妻子從來都是深明大義的，晚上抹着淚不讓丈夫走，但是到了第二天別離時，卻也不拖後腿。

2月24日，羅宗帆從咸陽啟程，直奔格爾木。坐着列車駛過關角隧道時，恰好是傍晚時分，他倚在窗前，感慨萬千，關角兩邊的山巒被緩緩駛過的列車拋在身後，斜陽溫暖冷山，英魂之火不滅，他默默地舉起手來，向這片凍土上埋葬的忠魂，行了一個軍禮。26日，抵達崑崙山下的指揮部後，習服了三天，他便搭車上了工地。風火山迎接他的是一場狂雪飛舞的蒼茫，凜冽的寒風捲着雪花直往衣服裏鑽，羅宗帆從隊部往坑道口上坡走了十多米，腳便飄起來了，身體也虛空了。這時的風火山第一高隧進口只掘進了一百米，出口才掘了八十米，直覺告訴他，風火山之戰將是他人生中最難的一場生命之戰。

任命很快下來了，羅宗帆為出口施工隊的副隊長，隊長則為指

揮部副指揮兼總工任少強，但是一線具體施工組織，非羅宗帆莫屬。整整一週時間，羅宗帆一句話也沒有說，就在風火山工地轉來轉去，別人跟他說話，他只是羞澀地一笑，配上本來就黧黑的皮膚，儼然一個藏族同胞，只是那英俊的臉龐強烈地顯出巴蜀之地的印痕，使人頓生懷疑，這個一臉恬靜的男人能否拿得下風火山工程。羅宗帆毫不理會背後投來的懷疑目光，奔突在血脈之中的大巴山人的堅韌和淳厚，足以讓他在風火山上橫刀立馬。或許因為自己也是農家出身，走進民工的帳舍時，他突然有了一種親近感，隊裏四百多號人，除了三十多名正式的幹部和職工外，其餘都是民工，驀然之間，他覺得這群純樸的西部漢子是最可依靠的兄弟。

　　一週時間剛過，羅宗帆就出手了。他將鋪蓋行李一捲，從隊部搬到了出口的工地值班室。工程部長和總工不解，說：「羅隊長，隊部的條件好一些啊，你不必搬到值班室去。何況隊部離工地只有十幾米。」

　　羅宗帆搖了搖頭說：「我必須住到洞口去。再說這十幾米的坡度，爬得氣喘吁吁的，半天緩不過勁來，我得將體力留到隧道裏用。」

　　住到風火山洞口督戰的羅宗帆出手不凡。任少強來了，聽過他的彙報後，頗為滿意地說：「我相信你會不負眾望，只忠告你一句話，要注意安全、質量、後勤和民工的吃住。」

　　羅宗帆點頭道：「任總放心，我不會讓局指領導失望的。」

　　整整準備了一個月，4月份，冰雪尚未化盡，羅宗帆就甩開膀

子大幹了。這時進口的施工隊隊長任文俠向出口施工隊下了挑戰書，看誰的進度快，誰最先完成任務。

羅宗帆淡然一笑，不想回應，覺得現在說什麼都為時過早，結果才是最重要的。

任少強說：「你寫應戰書，有來無往非禮也。」

羅宗帆說：「寫就寫，我保證出口隊能笑到最後，笑得最好。」

「好！就要你這句話。」任少強緊緊地握着羅宗帆的手，似將風火山一樣的重擔壓在了他的肩上。

羅宗帆果然不負眾望，過去架橋是他的長項，隧道幹得很少，他就一天二十四小時盯在工地，每天至多睡四個小時，打風鑽、裝藥、放炮，他都親自過目，一排山炮放過，排完煙塵後，他便第一個排險，然後施工隊進去，最緊張的時候，三天三夜不睡覺。果然，隧道隊進、出口勞動競賽，羅宗帆的出口隊得了第一名。

況成明拿着紅包來到了風火山隧道出口，對羅宗帆說：「你幹得不錯，我要重獎你和你的隊員。」

隨後，出口隊的每個幹部職工第一次得到了兩三千元的獎金。

可是羅宗帆心裏卻掠過一絲不安，他覺得在第一線的民工才是風火山真正的脊樑，他要盡自己所能，給民工以極大的關愛，將濃烈的中國農民情結施惠在他們身上。

一天下午，風火山埡口北方跟蹌走來兩個青海土族漢子，衣衫襤褸，蓬頭垢面，走到風火山隧道的出口隊時，已經兩天沒有吃飯了，坐下去就爬不起來了，身邊圍了一群民工。羅宗帆聞訊從值班

室走了出來，撥開人群，走到跟前，問道：「你們從哪裏來的？」

「青海互助縣！」兩個人仰首看了看站在他們跟前的一個皮膚黝黑的南方漢子，倏地覺得希望降臨了。

「叫什麼名字？」

「馬進元！」

「張海濤！」

羅宗帆點點頭，扭頭吩咐，「馬上讓炊事班做飯，先讓兩位老鄉吃飯。」

馬進元仰起頭來，說：「領導，一頓飯只能解決一時的溫飽，還是給我們一個活兒幹吧，一家人的嘴都扛在我們肩上了。你是好人，我們沿途找了好些單位，沒有人理我們。」

「先安排吃飯！不要吃得太飽。」羅宗帆對隊裏的工作人員說，「讓杜醫生和何護士來看看，檢查一下身體看有什麼問題沒有。」

「謝謝！我們真的遇上活菩薩了。」張海濤喃喃說道。

「先別謝，吃過飯後到帳篷裏躺一會兒，好好休息。」羅宗帆安慰道，「今天晚上別找我，我在洞裏邊忙得很，你們明天上午再來。」

羅宗帆善待的是兩個素昧平生的人，卻溫暖了站在旁邊的一群民工。

第二天上午，馬進元和張海濤真的找來了，見了羅宗帆便深深地鞠了一躬，說：「羅隊長，謝謝你的救命之恩，請收下我們兄弟兩個吧。我們會賣命幹的。」

「我相信！」羅宗帆二話不説，接過他們的身份證看了看，做了詳盡的登記，便安排兩個人到了攪拌站。他要考驗他倆一段時間，確定兩人僅是為打工而來時，再讓他們進洞作業。

　　羅宗帆的義舉，讓風火山出口施工隊的三百多個民工感歎説：「跟羅隊長幹，縱使拚上一條命也無怨無悔。」

　　離風火山隧道全線貫通的日子越來越近了。8月14日那天凌晨1點多鐘，一塊危石從空中墜落，砸在了小松牌挖掘機的油管上，掘進工程頓時停頓下來了，掘進班找到了羅宗帆，尋遍風火山，卻沒有找到一個油管配件，羅宗帆只好趕緊跑到局指，敲開了任少強總工的門。任總想了片刻，説離指揮部三十公里的五道梁302石場有一臺小松牌挖掘機，現在唯一的辦法就是拆那臺機器上的油管來臨時替代。羅宗帆駕着沙漠王皮卡就要往那裏奔馳而去，任總説，「深更半夜的，我跟你去。」這時一直待在風火山拍攝《東方時空》的記者也自告奮勇，緊隨着他們一起往五道梁方向疾駛而去。他們從沙石堆裏衝了過去，找到了採石場的李場長。那時已是凌晨2點多鐘了，野外的氣溫驟降至零下十多度，羅宗帆二話不説，鑽到了覆帶底下開始拆油管，天寒地凍，呼嘯的寒風從荒原上掠過，一會兒手便凍僵了，但是如果油管卸不下來，風火山隧道按時貫通的時間節點就會受到影響。羅宗帆躺在冰冷的凍土上整整幹了兩個半小時，才將油管拆了下來，返回二十局指揮部時，已經是早晨5點多鐘。羅宗帆對任少強説：「你們回屋休息吧，我把油管裝上，就可以接着挖掘了。」

任少強說：「宗帆你辛苦一夜了，我陪着你，看着你裝上，挖掘機轟鳴聲響了，我也就放心了。」

早晨 7 點半鐘，終於將挖掘機修好了。剛出了兩個小時的碴，發電機又突然壞了，洞裏全黑了，挖掘機又停了下來。羅宗帆此時剛躺下，一聽說洞裏停電了，一躍而起，又將另一臺發電機拆了，等安裝好最後一個零件，隧道重新燈火輝煌時，他連拿扳手的力氣都沒有了。

《東方時空》的記者拍下了羅宗帆在風火山和楚瑪爾平原上的一個不眠之夜。

2002 年 10 月 19 日，世界第一高隧風火山隧道的進出口貫通只剩最後七米，就差最後一炮了。領導欲將這最後的輝煌任務留給進口隊，可是時運不濟，他們的鑽杆只有四米五，一炮並不能炸通。

「天助我也！」羅宗帆出口隊的鑽杆是五米五，他揮手道，「把鑽杆加長到六米。」

最終，羅宗帆點了最後一炮，只聽轟的一聲巨響震蕩了亙古的莽原，長度 1338 米、軌道水平海拔 4905 米的風火山隧道全線貫通了。

那天晚上，況成明專門擺了酒宴犒勞風火山的英雄。他舉着酒杯來到羅宗帆跟前，說：「宗帆，人都説你説話像大姑娘，我卻認為你才是風火山上真正的勇士。」

羅宗帆並非只會架橋掘隧的一介武夫，他的内心也有無盡的浪漫。也許因為家在咸陽，隔着千山萬重，他最喜歡遠眺風火山的落

日，紅紅的，懸在天穹之上，像小時候家鄉那盞菜籽油燈，吐着粉紅色的火苗，縈繞在遙遠的地平線上，又像遠方故鄉村子裏飄來的炊煙，勾起孤身在風火山的他無限的鄉愁。因此，休息時，他尤其喜歡晚上 8 點鐘之後，獨自一人爬到風火山出口的隧道上方看落日，彷彿那血色天幕的地平線有詩情畫意般的鄉愁和思念。那一刻他坐在山坡上，躺在落日斜陽的雪野裏，什麼也不想，只想讓自己的心情在一種不急不慢走來的輝煌中融化，落日光環下彷彿是妻子和兩歲的女兒在倚門等着他歸去。

那個血色黃昏，餘暉未曾退盡，穿着紅色羽絨服坐在洪荒裏遙望夕陽的羅宗帆被天幕上的彩雲晚霞迷眩。忽然，一陣蒼狼的長嗥將他從沉醉中驚醒，他的視線從斜陽落到了半山坡上，只見五隻狼漸漸朝他靠近，相距不到四十米。他頓時驚出一身冷汗，躍然而起，朝着山下就跑，五隻狼窮追不捨，離他已不到二十米。值班室的調度恰好出門看到了，驚呼：「不好了，羅隊長被狼圍住了。」

話音剛落，在帳篷裏休息的四十位民工全部出來了，手握着鐵鍬，朝着羅宗帆跑的方向迎了上去，要為自己的隊長堵起一道鐵牆，嚴防豺狼的襲擊。這時羅宗帆已經被蒼狼追至一個深坑裏邊，如果不是民工及時趕到，拿着鍬攆走了野狼，那天晚上羅宗帆便會兇多吉少。

「謝謝！」羅宗帆抱拳鞠躬向民工們致謝，「救命之恩當沒齒難忘。」

「不用謝，羅隊長，應該表示感謝的是我們！」馬進元、張海

濤也在其中，說，「是你不嫌棄少數民族，給了我們掙錢致富的機會啊。」

此時，羅宗帆感到自己的真心付出，得到了民工兄弟的真情回報。

2002年11月1日，風火山的民工全部下山回家冬休了，羅宗帆一時走不開，一直在風火山待到月底才匆匆下到了格爾木。剛走進中鐵二十局青藏鐵路指揮部的院子，馬進元和張海濤就撲過來，抱着他的腿哭。羅宗帆悚然一驚，問道：「進元、海濤兄弟，為何而哭？是誰欺負你們了？是不是沒有拿到錢？」

「拿到了，拿到了。」兩人抹去歡喜的淚水說，「將近兩萬元的收入，這是我們這輩子掙得最多的，孩子唸書的錢全有了。」

「那為何而哭？」羅宗帆不解地問道。

「我們高興啊！一直在山下等着恩人啊。」兩位純樸的土族漢子說，「等了二十多天，終於將羅隊長等到了。」

羅宗帆的眼淚唰地流出來了，說：「兄弟，等我幹啥，你們兩個應該快回去看家人啊。」

「我們只想表示一點心意。」馬進元、王海濤將兩袋水果和一袋散裝的水果糖遞了過來。

羅宗帆大為感動，說：「帶回去給你們的孩子吃吧。」

「羅隊長，你若不收下，我們就不走。」兩位土族漢子執拗地說。

「好，好！」羅宗帆真摯地回答，「你們等我二十幾天的情誼，

我收下，這水果，我就拿一個，剩餘的你們帶回家裏去。」

兩個漢子點頭同意了，最後怯生生地説：「羅隊長，能不能將你家的電話號碼留給我們？」

羅宗帆很乾脆地説：「沒問題，我現在就留給你們。」

與土族兄弟依依作別後，他讓司機駕着皮卡將他們倆送到了格爾木火車站，列車緩緩開動之時，羅宗帆拋給土族兄弟最後一句話：「將來有工程，我們再上青藏高原。」


# 人類奇跡，吉祥天路零死亡


2004 年的一天，黃昏將逝，青海長雲被燃燒成一片赤烈的海。吳天一喜歡這晚霞消失前的壯烈，更喜歡萬家燈火點亮前的蒼茫暮色。

溫馨時刻不應該獨享，他踅回書房，顯得有點急不可耐，打開電腦頁面，用流利的英語嫺熟地敲下了一行字：致美國加州大學聖地亞哥醫學院約翰·威斯特教授。剛才佇立在陽臺上遠眺黃昏，一篇關於青藏鐵路高原病零死亡紀錄的醫學論文已醞釀成熟，他要給坐世界高原病學第一把交椅的約翰·威斯特教授寫信，將這篇

論文推薦給他，告訴他，世界高原病學最大的寶庫在青藏高原，告訴世界，中國人在青藏鐵路創造了一個人類奇跡——高原病死亡零紀錄。

藉着這個奇跡，他覺得第六屆國際高原醫學大會主辦權應該屬於中國，應該在中國的青海和西藏兩地召開。

他要用這篇論文說服約翰·威斯特教授，還有本屆年會的主席、曾經攀登過珠穆朗瑪峰的美國科羅拉多州的著名高原病專家皮特·哈卡特教授等世界同行。

迄今為止，國際高原醫學大會已召開五屆了。

第一屆，1994 年在南美波尼維亞的拉巴斯召開，那裏海拔為3600—4200 米。可是站在世界屋脊上的中國人缺席。

第二屆，1996 年在南美祕魯的古城庫斯特召開，海拔仍然沒有逾越人類生存的禁區。有着五百多萬人口生存在高海拔低緯度的青藏高原的中國人仍然缺席。

第三屆，1998 年在日本長野的松本縣舉行，只有一個中國人與會，就是吳天一。在中國提交大會的兩篇學術論文中，其中一篇的作者就是吳天一教授，他第一個發言，講的是藏民族在青藏高原的適應性，優勝劣汰的結果使他們成了最適應高原生存的一個族群，與漢族相對照，他們的細胞攜氧量是世界上最好的，那就是一個生物學的模型。這在大會上引起了極大轟動，中國的留學生聽後很激動，認為吳教授為中國人在世界高原醫學會上贏得了一席之地。

第四屆，2000 年在南美智利的海濱城市阿來卡舉行，原因在於

它緊鄰智利海拔較高的礦區。

第五屆，2002 年在西班牙的巴塞羅那舉行，就因為沾了阿爾卑斯山的光。

風水輪流轉，這回該輪到中國了。吳天一教授手裏有充足的理由佐證，高原病的喜馬拉雅在中國。全世界生活在海拔三千米以上的人群中，患慢性高山病、高原心臟病、高原紅細胞增多、眼睛充血的有百分之四，在中國僅漢族患這些病的就有二十五萬人之多。而在青藏鐵路上，卻創造了一個歷史性的神話，高原病死亡零紀錄，這是最能體現中國政府的人文關懷和人道主義精神的。

每一屆國際高原醫學大會開幕前夕，都會專門邀請嘉賓撰寫有分量的學術論文。今年，約翰·威斯特教授特意發郵件給吳天一，請他撰寫學術文章。

就以青藏鐵路高原病零死亡作為選題，吳天一在轉瞬之間便將論文的方向確定下來了。青藏鐵路開工前夕，鐵道部副部長親自造訪，青藏鐵路總指黨委書記、總指揮盧春房也經常來看望，而青藏鐵路指揮部的醫院院長段晉慶以及他們的指揮長，凡出差路過西寧，總不時地前來拜訪，向吳天一請教，甚至就連那些患了高原病、下山回到內地的普通工人，也不時打電話到他家諮詢治療方案。吳天一義不容辭地當上了青藏鐵路高原病的醫學顧問，在青藏鐵路的衛生保障、高原病預防和治療方面提供了許多非常有價值的建議和意見，為青藏鐵路高原病死亡零紀錄立下了大功。

吳天一提交給國際高原醫學大會的論文，題目定為《急性缺氧

對人體的損壞》。他簡要地描述了世界屋脊的環境地貌和生態狀態，闡釋了缺氧對人的影響，引證青藏鐵路自 2001 年 6 月 29 日開工以來，三年之間，在一千一百多公里的鐵路沿線，從崑崙山至唐古拉山上，海拔四千米以上的生命禁區佔全線百分之八十，有十萬人次在上邊施工，因為衛生保障措施得當，三級醫療體系健全，搶救設備都是針對高原病採購的世界一流先進醫療設備，雖然屢有高原病發生，卻無一人死亡，堪稱中國人創造的一大人類奇跡。

寫到這裏，吳教授也不禁喟然感歎，英文寫就的醫學論文是不允許有感情色彩的，但是目光一投向青藏鐵路，那些默默戰鬥在高原一線的普通醫務工作者的形象，便在他的腦際浮現，儘管從年齡上他們是晚輩，卻是自己的莫逆之交，段晉慶、丁太環、劉京亮、董維亞、徐英等一批年輕醫院院長和醫護人員，在他的心中都是英雄的白衣天使。

在吳天一教授心中，印象最深的人要數中鐵三局青藏鐵路指揮部工地醫院的院長段晉慶了，一個受過很好的醫學專業訓練和學歷教育的年輕人，很有高原病的專業眼光。中鐵三局醫院是青藏鐵路第一家裝備了高壓氧艙的醫院，也是一千多公里青藏鐵路沿線的第一個三級醫療點，能在兩個多小時內，將肺水腫、腦水腫病人從海拔四千多米的地方降至海平面上，可謂搶救高原病的諾亞方舟。青藏鐵路的零死亡紀錄的創造，除他們各個醫療點按時巡診、及時發現病人、下送之外，高壓氧艙的全線裝備，也是立了頭功。

從與段晉慶的交談中，吳天一院士早已耳聞，段晉慶的夫人是

太原理工大學的研究生，跨洋過海，拿到了澳大利亞悉尼大學和新南威爾士大學的雙份獎學金，早已經為丈夫到海外求學和鍍金安排好了廣闊燦爛的前景。當領導讓段晉慶上青藏高原沱沱河的工地醫院當院長時，他的女兒正在中考，可是他沒有擺一點個人的困難，毅然上高原來，發揮自己的專業學術水平，很快將一個普通的指揮部醫院建設成了三級醫療點，並成了中央首長和鐵道部領導上青藏線視察時特派的保健醫生。2002 年的冬休，他帶着女兒到澳洲住了三個多月，一家三口在海外其樂融融，大多數人都預言段晉慶不會回來了，但是春天將至的時候，他還是毅然歸國了，他是一個有責任感的男人，他不能放着沱沱河的幾千個弟兄不管。離開悉尼國際機場的時候，段晉慶一直與妻子說話，企圖分散她的注意力，可是妻子就在他進港隔離的一瞬間，淚流滿面。他在沱沱河待了三年，救過高原病患者無數，完全有資格在世界高原病學的講壇發言。

還有那個再普通不過，被人家稱為老大姐的女護士丁太環，一個建設初期上去時與男同胞們住一個帳篷的白衣天使，她在為工友治病的同時，就想圓一個夢想，上青藏鐵路幾年，為即將上大學的女兒掙一筆學費。普通得不能再普通，正是他們撐起了青藏鐵路醫療保障的這片天空。

吳天一的鍵盤敲過，留下了一段歷史，一個奇跡的濃縮。

在論文的後邊，他談及了藏醫藏藥對於高原病的防治，談到了青藏高原的生物鏈條，犛牛、藏羚羊、高原鼠兔等，隨着青藏高原的隆起，它們就開始適應了，其歷史與藏民族的生存生活一樣悠久。

子夜時分，吳天一教授敲下最後一行英語字母時，難以抑制內心的激動。郵件很快發到大洋彼岸，約翰·威斯特教授看完論文，受到了強烈的衝擊，他馬上給吳天一教授回郵說，太棒了，這是中國的奇跡，更是人類鐵路史上的奇跡。隨後，他立即寫了一個編者按和論文提要，「格爾木—拉薩鐵路建設對高原醫學的巨大挑戰」，提要稱：吳教授提出的青藏鐵路這麼高的海拔、路段，在世界鐵路建設史上實屬罕見，這樣的環境，有三分之二的里程在海拔四千米之上，工人缺氧的問題如何解決，另外火車運行中的缺氧問題、建站以後如何管理，中國人做出了有益的探索，是近年來高原醫學領域的一個重大突破。

吳天一的論文和約翰·威斯特教授的提要一經發表，中國在建設青藏鐵路時高原病零死亡的紀錄，在國際上引起了一片轟動。世界各地網站紛紛下載，點擊率非常高，全球的高原病學專家紛紛向世界高原病學學會發函，說這是千載難逢的機會，國際高原醫學大會決不能與中國的青藏鐵路失之交臂，他們一致同意，第六屆國際高原醫學大會在中國召開，重點就介紹中國築路工人在世界屋脊上的衛生保障和高原病的預防及治療。他們唯一的要求是，要看實際的，要到青藏鐵路的現場看看。這下子讓吳天一教授為難了，青藏鐵路工程畢竟涉及國家的經濟、政治、軍事、戰略，不是隨便能讓外國人進入的。

帶着這種疑慮，吳天一教授給鐵道部領導打了電話，陳述了情況。

「讓他們看！這是向世界展示中國的最好機會！」鐵道部領導一錘定音，說，「沒有什麼不可以看的，青藏鐵路當雄路段可以向外國人開放。」

　　但這畢竟涉及一百多名外國人，鐵道部也不能全說了算，吳天一教授懷着忐忑不安的心情等着外交部的批件。不日，外交部的批件到了，說這是宣傳青藏鐵路衛生保障的絕好機會，也是向世界展示中國人道主義和人文關懷的一個窗口。

　　吳天一激動不已，由衷感受到了融入世界潮流的中國的從容和自信。

　　2004 年 8 月 12 日至 19 日，第六屆國際高原醫學大會在中國青海、西藏兩省區召開。會議分成兩截，前四天在青海西寧，後四天在西藏拉薩。全世界二十一個國家和地區的一百三十六名高原病學專家與會，中國這次派出了強大的陣容，有兩百名代表參加，提交了二百五十八篇學術論文，佔會議論文總數的百分之七十二。美國科羅拉多州高原研究所著名高原病學家、世界上四名攀登過喜馬拉雅山的醫生之一皮特·哈卡特任大會主席，吳天一與約翰·威斯特為大會主持人。

　　第一天的主持人與執行人是吳天一，重頭戲是高原病在中國的報告。第二天下午是專題會，由約翰·威斯特教授主持，內容是青藏鐵路的環境和衛生保障，由中鐵二十局醫院介紹風火山衛生保障的奇跡，談及二十局醫院在海拔四千九百零五米的風火山隧道施工中，怎麼認識和解決缺氧的最大難題，最主要的辦法就是與北京科

技大學合作，研製了大型高原製氧站，將氧氣管引入隧道，在掌子面上彌散式供氧，下邊則設有氧吧車，施工的工人隨時可以吸氧，有效地預防了高原病的發生。

接下來是鐵道部勞衛司做了全面介紹，一系列的勞動衛生保障措施非常到位，僅在高原病的預防和治療方面，青藏鐵路各指揮部的醫療設備投入將近一個億，使高原病的死亡率始終控制在零。這些介紹獲得了國際高原病學專家的好評。

8月16日，會議由青海西寧移師拉薩。頭兩天談的是藏醫藏藥對高原病的防治和世界屋脊上最適應高原的土生動物。第三天安排參觀當雄草原的中鐵十三局的工地。十二輛大轎車穿過堆龍德慶，浩浩蕩蕩越過羊八井，往當雄草原駛去，沿途的青藏鐵路正在施工，卻預留了三千多個動物通道，青青的牧場也並未受到破壞。到了中鐵十三局的駐處，雖然天空中飄灑着毛毛細雨，但是中英對照的展板仍然引起了國際高原病學專家的強烈興趣。吳天一教授最關心的是有沒有高壓氧艙，走進指揮部醫院他便詢問。

「有啊！」指揮長熱情地介紹説，「我們一上來就購買了高壓氧艙。」

「一次進多少人？」吳天一教授問道。

「八個人！」

「好！」吳天一點了點頭，説，「我們高原病所能進去二十人，需要兩百萬元，八人艙至少也得投入五十萬了。」

有不少外國專家第一次見到高壓氧艙，不知其用途，吳天一教

授一一解釋介紹，高壓氧艙能將大氣壓力增至海平面水平，如果遇上肺水腫、腦水腫病人，只要將海拔水平下降至兩千米，病人危重的病情就緩解了。現在當地海拔四千三百米，配置了高壓氧艙，對高原病人就是一個保護神。聽說在青藏鐵路上的每個指揮部醫院都有一個高壓氧艙，外國專家非常驚訝，有的還親自走進去戴着氧氣面罩吸了一會兒，連聲稱了不起，當看到十三局的醫院還配備有世界上最先進的心臟彩色多普勒時，更是佩服之至。

隨後，他們專門調閱了十三局醫院的病人檔案，參觀了整潔的食堂。看到醫院幾公里外仍然有黑頸鶴等野生動物悠然在草原上覓食時，外國友人伸出大拇指說：中國 OK！青藏鐵路 OK！

第七章

# 西藏，人類最後的公園

❶ 納木錯

❷ 扎西島一角

❸ 葉東勝夫婦接受作者採訪

❹ 高原上悠閒自在的馬

③

④

那潔白的牙齒，那輕盈的微笑。

那月亮的眸子四周輕輕地一掃。

眼角裏傳來的羞澀的目光，

把我這個年輕人看得心跳。

—— 六世達賴喇嘛倉央嘉措情歌

# 天上之湖水藍藍

我與聖湖有緣，可是每次走向聖湖之旅都一波三折，準備多年，卻一直未能如願。

前幾次進藏，每次都有機會去納木錯拜謁神山聖湖，可最終還是放棄了。心中默默地埋着一個祈願，最美的風景，最神奇的祕境，須留在最後，一如戲至高潮時，壓軸出現的人才是高人名角。

2004 年的 10 月 7 日，連續四年上青藏鐵路的採訪行將結束，我要去一個地方，一個夢幻般的地方——納木錯。

這次剛到格爾木，我就對青藏鐵路建設總指揮部副指揮長才凡說，到了拉薩，請派車送我去一下納木錯。這不僅僅因為此次西行也許是自己最後一次進西藏採訪，一個早該親近和融入的地方，應

該與它會晤了，還有一個重要的原因，就是青藏鐵路原本欲從納木錯邊上通過的，最終卻採納了繞避方案，讓它千古的神祕和神奇永留在互古時空之中。

才凡說，沒有問題，這是應該的，只有看過了，作家才有感覺。

那天，青藏鐵路拉薩指揮部的吉普車穿過當雄縣城，左拐，沿着一條蜿蜒的山道，往念青唐古拉山腳下緩緩駛去，掠起一路風塵。

我們乘坐的車子幾經盤旋，朝着念青唐古拉的腹地橫穿而過。念青唐古拉，又稱唐拉雅秀，連綿一千多公里，橫亙於當雄草原上，蒼蒼莽莽一片雪峰，儼然一個個披白袍、戴白冠、騎白馬的格薩爾王武士方隊，俯瞰着萬千蒼生。穿越念青唐古拉埡口，嶺之北一片白雪蒼莽，與雪山下的納木錯聖湖的蔚藍色連成一片，交相輝映，如一顆巨大的藍寶石鑲嵌在青藏高原上。我坐在車中一聲驚呼，納木錯，這就是納木錯啊，美死了！

我慶幸青藏鐵路指揮者超凡的遠見和環保意識，未將鐵路從納木錯環湖而過，繞避了數十公里之遠，隔着一座雄渾的念青唐古拉山脈，這從另一個側面表明，一個開放的中國逐漸進入了人類環保意識的軌道。

其實，中國人的環保意識，也是隨着中國國力的增強而漸次突顯出來的。

1998 年的長江大水，一條江牽動十三億中國人的眼睛，也讓國人第一次領略了亂砍濫伐遭受的懲罰和報應。於是，國家領導人及時做出了歷史性舉措，退耕還林，退草還湖，開始了新一輪保護母

親河和我們家園的活動。

　　青藏鐵路開工之時，在南山口零公里處，出席開工典禮儀式的朱鎔基總理談及青藏高原的生態時，突然脫稿講了一大段，要求所有的鐵路參建者，認真貫徹國務院加強保護青藏高原生態環境的精神，十分愛護青海、西藏的生態環境，十分愛護青海、西藏的一草一木，精心保護我們祖國的每一寸綠地。

　　總理的兩個「十分」，震撼曠野，在巍巍崑崙上形成了歷史性的迴聲，黃鐘大呂般地掠過每個人的心靈。

　　也就在那一刻，鐵道部領導心中升騰起一個理念，為保護青藏高原生態不惜血本。因為他明白青藏高原上的每一草每一木，都度過了漫長的時光，是在嚴酷的環境中生存下來的，在世界屋脊上，與人類形成了一條不可或缺的生態鏈，一旦遭受破壞，那便是災難性的，永遠也無法恢復。

　　「春房，青藏高原的生態舉世矚目，世界各國的眼睛都在注視着我們。如果我們的鐵路修成了，而生態被破壞了，那我們就是千古罪人。」鐵道部領導將青藏鐵路總指揮長盧春房叫了過來，說，「這些天我一直在琢磨，我們不但要設工程質量監理，還要有環境監理。」

　　「這個主意好！」盧春房笑着說，「舉凡國內施工，設環境監理的，青藏鐵路還是第一家，我們馬上落實。」

　　「環境投資經費還要提高，起碼要佔整個青藏鐵路投資總額的3%—4%。」領導饒有意味地說，「納木錯是西藏的聖湖，林周黑

頸鶴可是稀世之鳥，我們的鐵路線路能避讓，就要儘量避讓。」

盧春房點了點頭，說：「我們正在做方案，繞開林周黑頸鶴保護區，鐵路起碼要延長三十公里，投資就多了三個億。遺憾的是可可西里和三江源避不開了。」

「縱使避不開，也要選擇擾動最小、影響最小的線位通過。」領導的眼睛遙望着崑崙山，「我們要在世界面前崛起一個環保的崑崙、生態的青藏，過些天，將國家環保總局、水利部、國家林業局、中國科學院和青海、西藏兩省區的專家都請上山來，請他們出謀劃策。」

「我贊成！」盧春房建議，「在青藏鐵路上，就得實行環保一票否定。」

數日之後，中央幾個部局和省區的環保、水利、林業專家紛紛上山來了，先後三度上山，對可可西里、長江源、納木錯、林周黑頸鶴保護區進行了科學考察和調研，對自然保護區和野生動物通道等敏感問題，編寫了專題報告，對高原植被的恢復與再造技術展開現場試驗。

在專家的建議下，青藏鐵路避開了納木錯自然保護區，繞道迴避了林周黑頸鶴保護區，對於路基施工填土，採取分段集中取土的方案，取土場都在線路二百米以外植被稀疏的地方，挖掘時，先將表面的熟土推開放在一旁，等取土完畢後，再回填覆蓋，便道儘量縮小，使其儘量恢復植被的生長能力。

2001 年夏天，可可西里清水河實驗段剛開始施工，鐵道部領導

到中鐵十二局工地巡視，只見他們的施工便道沿途插上了一排排小紅旗，直通取土場和路基工地。

下車之後，領導問中鐵十二局指揮長余紹水，這小旗子有何功用。

余紹水答道：「做施工便道的標識，忠告司機車只能沿着小旗子拉起來的道路行駛，不能隨便駛入荒原。」

「好！這個點子好。青藏鐵路沿線的工地，都應該效此法。」

於是，領導走一路講一路，表揚中鐵十二局的環保意識已經滲透到普通職工心中了。領導倡導，立即在青藏高原上捲起旋風般的響應，每個指揮部都學十二局，將彩旗插遍遼闊的楚瑪爾平原，插至沱沱河、開心嶺、雁石坪，插至唐古拉無人區，直下當雄、拉薩，如滿天的經幡在飛揚。

有一天，中鐵三局沱沱河實驗段的草地上出現了兩道深深的車轍，指揮長劉登科來檢查時驀然發現了，彷彿是車輪碾碎了自己的心房。「誰幹的？」

問遍施工隊，沒有一個司機敢站出來承認。

「司機駕車碾了草坪，是隊裏領導督導不力。我要讓你們永遠記着草原的傷痛。」劉登科將施工隊的領導叫到跟前，「既然沒有人認賬，板子就該領導捱，罰司機的兩萬元款項隊裏出，另外隊長、書記各罰兩千。」

「劉登科罰得好！」溫文爾雅的領導聽說後，連聲稱讚道，「青藏高原的皮膚是長了幾萬年的，一旦損傷，幾百年幾千年也恢復不

了。如果植被被破壞了，就會損壞凍土，最終危及鐵路，這是一環扣一環的生態鏈條。」

領導的一聲好，讓整個青藏線上一片肅然，環保由被動漸入自覺的境界，融入每個人的意識之中。

這種故事也曾發生在青藏鐵路總指揮盧春房身上。

有一次，他到安多車站檢查，因為車站上沒有路，所以草坪上有車輾過的痕跡，一向溫和的盧春房質問十八局指揮長韓利民：「是不是你們的車軋的？」

韓利民一臉窘迫，環顧左右而言他。

盧春房神情肅然，鄭重地說：「韓指揮長，你在這兒施工，有責任教育你們送材料和路過的車輛，不能軋草坪，你守土有責。如果下次我來檢查再發現車轍，拿你是問。」

韓利民尷尬地點了點頭，他知道盧春房是一個說了就會落實的人，再不敢怠慢，以後十八局的環保一直做得不錯。

2003年5月的一天，盧春房到西藏那曲北邊秀崗的一個地方檢查，要爬上一個大斜坡，前邊是一片尚未返青的草原，四周水網密佈，鐵路從半坡上穿過。青藏總指的越野車要朝山坡衝上去，被盧春房制止了，找了一個路旁停下，他徑自往海拔四千六百米的山崗上艱難地爬了上去。那個斜坡有二十多度，朝上邊爬了一百多米，每個人都氣喘吁吁。檢查完工作後，大家往下走。司機見盧總下來了，出於好意，駕車去接他，碾着草坪衝了過來。盧春房大聲制止，可司機沒有聽到，在他跟前戛然停下，打開車門，請盧春房上車。

盧春房頓時惱怒了，斥責道：「誰叫你開上來的，你軋了草坪，知道嗎？」

司機是從格爾木一帶招來的，說：「我從小在草原上長大，草原未返青時，不怕軋。」

「誰說不怕軋，」盧春房的臉色一下拉了下來，「你能上來，別的司機也可以開車上來，軋個幾十遍，你說怕不怕軋。」

「盧總……這……」司機覺得自己做錯了。

「你開下去，我不坐你的車。」

司機的臉唰地紅了。

進入唐古拉以南的羌塘地界，草場漸漸綠了。各個指揮部在路基取土時，先將草坪整塊地取出來，再放置在一邊養起來。在唐古拉、安多、當雄、羊八井，中鐵十八局、十九局、十三局、五局、二局都養了許多草坪。

而就在這期間，盧春房恰好率中國鐵道考察團到德國和法國考察高速鐵路，在法蘭克福至科隆的路上，列車穿過森林掩映的草地，他看到路基兩邊都是綠草護坡和草坪水溝，穿越沼澤、濕地時，甚至預留了青蛙通道，人與自然巧妙地融為一體，其生態保護之好，令人賞心悅目。

回到格爾木，他給拉薩指揮部的黃弟福打電話說：「國外的生態保護確實走在我們前邊，我看了德國高速鐵路的自然水溝，很受啟發，當雄鐵五局那一段草場，自然生態好，也可以搞草坪護坡和水溝啊。」

黃弟福説：「我已經讓鐵五局做實驗了，把草坪取出來養着，路基建成了再遷回去，效果很好，正準備向你報告拍板在當雄一帶全線展開。」

　　「真是不謀而合。」盧春房大力支持説，「你們放手幹，有條件的地方，都可以做草坪水溝與邊坡草坪。」

　　黃弟福果然按盧指揮長之囑，搞了一百多公里草坪護坡與水溝，路基邊坡植草成功，既節約了一大筆錢，又與青青的牧場融為一體，成為當雄草原上的一個環保亮點。

　　青藏鐵路駛離安多時，經過一片清澈湛藍的錯那湖，原來鐵路的走線緊貼湖邊而過，後來，青藏總指決定繞避，儘量離錯那湖畔遠一些，負責這個標段施工的十九局在錯那湖邊建起了擋牆，並在湖邊種植了幾萬平方米的草地，將鐵路與湖光草場融為一體。

　　融入芫野，我朝着神祕的納木錯聖湖迤邐而去。從山間沿一條紅土山道緩緩而下，穿過一片整潔的藏族村落，再左拐，從念青唐古拉嶺北環湖而過，一步一步地走近聖湖。陽光從堆積在雪山之上的雲縫裏鑽了出來，透過貼着棕色膜的車窗玻璃，那一簇簇雲團漸次變成了紫紅色，令我一陣驚訝。環湖走過，我們直奔納木錯彼岸的扎西島，越野吉普穿過經幡飛揚旁那一塊巨石與山崖劈成的天堂之門，在一堆瑪尼石前戛然停下。跨出車門，從瑪尼石上擺放的犛牛頭中間遠眺，一個清澈寧靜、與雪山連成一片如藍寶石般的湖面浮現眼前，我們急不可耐地朝湖邊走去。也許因為進入了冷秋，遊人並不多，湖邊上有幾頭白色或黑色的犛牛供遊人拍照，犛牛的主

人望着稀少的遊人，無望地守在這片神靈聖湖前發呆。我佇立湖邊，波光如鏡，湖水清澈見底，湖底小石子清晰可見，雪風掠過，捲起一圈圈漣漪，直撲岸邊，如磐鐘梵鼓一聲聲轟然如雷。

納木錯，蒙古語又稱騰格里海，語意「天湖」，湖面海拔 4718 米，總面積 1920 平方公里。每逢羊年，成千上萬的朝聖客熙來攘往到這裏轉湖，徒步行走需十多天，若三步磕一個長頭地膜拜，則要歷時三個月。我的身後就是扎西島，轉身仰望，高不過數百米，因湖面海拔也逾 4700 米，所以扎西島的海拔高度不小於 5000 米。我突然興趣一來，對與我一起來的兩位女士説：「咱們上扎西島吧。」

九曲迴廊的階梯伸向山頂，我們拾級而上，一步一喘，步步升高，驀然回首間，只見右邊的湖泊裏祥風掠過，一個巨大經塔的影子浮現出來，我驚呼：「快看，快看，湖中映現一個大經塔。」

兩位女士回首一望，也驚呆了。漸漸地，經塔變成了一個喇嘛戴的黃帽。果然一派神祕與神奇，我連忙用照相機拍了下來。

走下扎西島的時候，橙黃色的太陽鑽進雲層，浮遊湖面，聖湖彼岸的念青唐古拉雪霧湧起，雲罅中閃耀着溫婉的夕暉，落霞好似一面面在雪風中狂舞的經幡，在我的頭頂上獵獵狂舞。我唸着六字真言「唵嘛呢叭咪吽」走下神山，走向聖湖。

所幸，青藏鐵路遠遠地繞避納木錯幾十公里而過，否則將是一個歷史性的敗筆，好在這個敗筆沒有發生。

# 玉珠峰下神靈緣

葉東勝將十一歲的女兒葉靖琦叫到跟前，說：「我和媽媽就要上崑崙山了，將你一個人扔在咸陽城裏，一家人要分離四年，爸爸媽媽都不在身邊，你有什麼要求儘管提。」

葉東勝曾在 21 集團軍當過兵，在部隊沒當上軍官，便將女兒當作自己的兵來管。從她兩歲半起就實行軍事化管理，上牀睡覺前要將鞋子擺齊，按時熄燈，第二天早晨按時起牀，被子要疊成豆腐塊，女兒做得不好，他的巴掌就往屁股上拍了過去。有一次真的將女兒打重了，女兒嘟着小嘴說：「葉東勝，你把我打疼了。」「軍閥式」的作風和培養，使女兒的自理能力顯著提升。她早已習慣父母在鐵道上東奔西走、聚少離多的日子。不過這回畢竟一走就是四年，她仰起頭來說：「爸爸，我有一個要求。」

葉東勝的回答很乾脆：「女兒，縱是要月亮，我也給你摘來。」

「月亮我不要。」葉靖琦搖了搖頭說，「可我喜歡青藏高原上神山聖湖的風光和精靈一樣的藏羚羊、棕熊、雪豹、蒼狼等野生動物，你每年下山，必須給我帶風光和動物照片。」

葉東勝舒了一口氣：「我答應你。」

女兒伸出小手指與爸爸的鈎在一起。葉東勝笑了，說：「還真拉鈎啊，身為人父，我哪敢騙女兒啊。」

目送着女兒歡天喜地去上學，葉東勝轉身對妻子袁曉麗說：「給我取兩千塊錢來。」

妻子一聽丈夫要取夫妻倆一個月的工資，急了，問：「幹啥用？」

「買照相機。」

妻了搖了搖頭，說：「你真的要與那丫頭片子一塊兒瘋啊？」

葉東勝點頭說：「靖琦那麼喜歡大自然，喜歡西藏的神山聖湖草地，還有那些小精靈，上去四年，我不想再留遺憾。」

妻子沒有再說話，轉身給丈夫取來兩千元錢，她知道丈夫說的不想留遺憾是什麼意思。

葉東勝出身於中鐵一局一個鐵路職工家庭，父子倆都與青藏高原有緣。西格段第一期工程時，父親便參加了德令哈地段的路基工程，染了一身病，最後罹患肝癌而亡。父親咽氣時，葉東勝站在病榻前，沒有掉一滴淚，他是家裏唯一的男孩，面前站着媽媽、姐姐、妹妹，一夜之間他成了家裏唯一的男人，得擎起一片天，男兒有淚不輕彈，現在就更不能落淚了。復員回到咸陽後，民政局給了好幾個工作單位讓他挑，他說我還是子繼父業，當一個鋪軌架橋的工人吧，踏遍青山人未老，鐵軌伸向哪裏，就走向哪裏，人在天涯。

天涯遊子就得承擔常人無法想象的憂傷和沉重。1998 年過了春

節，葉東勝與妻子袁曉麗依然回到南疆鐵路的庫爾勒—喀什線上，這時，丈夫已經提升為鋪架隊的領工，軌排裝在軌道車上，不斷往戈壁深處延伸，離開鋪架基地已經二百多公里遠了。5月14日那天，南疆戈壁上的天空晴得陽光暖暖的，葉東勝心中的三春暉一樣的慈母太陽卻殞落了。母親是一個家庭婦女，平時患有高血壓，但是捨不得去看大夫，捨不得吃藥，她說我是鐵路工人的老婆，知道孩子們掙這點錢不容易，攢着吧，靖琦學習成績好，上好中學、好大學，要花好多錢。她就這樣默默地挺着，挺到生命之燈熄滅前最後一個早晨，突然一頭栽倒在地，送到醫院，她一直瞪着一雙大大的眼睛等待愛子，可最終只撐到了下午兩點鐘，便撒手人寰，至死也沒有閉上牽掛的眼睛。

咸陽的電話當天傍晚就打到基地來了，是妻子袁曉麗接的，妹夫的話說得很委婉：「嫂子，請告訴哥哥，母親的病情有點不妙，能回來就抓緊時間回來。」袁曉麗是心思細密的女人，覺得妹夫話中有話，連忙給遠在二百公里外鋪軌的丈夫打電話。丈夫的手機沒有信號，她只能坐在電話機旁，通過剛建成的小站一個一個地往下傳，一直打到了深夜。外邊狂風肆虐，大雪紛揚，茫茫戈壁漫天飛雪，她不知丈夫何時能歸。第二天丈夫坐一輛大貨車回到了鋪架基地，夫妻倆就這樣忐忑不安地踏上歸鄉路，一直往咸陽城奔去。

走進那間曾經溫馨的破舊的老屋時，葉東勝才發現母親已經不在，他大聲喊着：「媽媽你在哪裏？！」

妹夫說：「哥，我帶你去看！」葉東勝跟着妹夫跨進了一輛出

租車，直驅醫院，他朝着住院部大步流星地走過去。妹夫說母親不住前樓，而是在後邊。葉東勝一愣，三轉兩拐，跟着妹夫坐電梯下到地下室，穿過長長的甬道，彷彿從人間來到了地獄，燈光暗淡，陰冷的黑風嗖嗖地颳了過來，偌大的地下室裏擺着一個個抽屜似的冰櫃。妹夫將一個冰櫃抽屜拉開了，只見母親靜靜地睡着，臉龐上凝固着牽掛，一雙慈目尚未全部合上。

「媽媽，你不孝的兒了來看你了！」葉東勝撲了過去，飲泣道，用手撫摸母親的臉，一片冰涼，兒時將自己相擁入懷的暖意盡失。他躬下身去，兩次試圖將母親抱起來，可是卻發現媽媽的身體早已僵硬了，任憑他如何貼近，母親再也不能給他慈母般的撫摸。

「媽媽……」沉默的葉東勝像一隻痛失母親的幼獅一樣悲號，「你為何不等我見上最後一面，我知道你有許多話要說，生為人子，我一點孝心也沒有盡到啊……」

葉東勝俯首在母親身上哭泣時，霍然發現母親的耳朵邊凝結了一層白霜，他伸出指頭，一點一點地掃，想把母親耳裏的凝霜全都掃出來，讓母親的臉暖和一些。可任憑怎麼掃，母親耳朵裏的白霜總也掃不盡，這時他才真正意識到，母親踏着秋霜白露永遠地走了。

佇立在母親的靈前，葉東勝第一次，也是最後一次痛哭了一場。

葉東勝把對母親無法揮發的愛，全都傾注到了女兒身上。

到了崑崙山下的中鐵一局鋪架基地，妻子袁曉麗在軌排廠做航弔工，而葉東勝則是鋪架隊裏的一位領工，他帶着麾下的那個作業班，從崑崙山下南山口的青藏鐵路零公里開始，乘坐一列宿營車，

一根橋樑一根橋樑地吊裝，一個軌排一個軌排地鋪就，朝着雪水河、納赤臺、西大灘、崑崙山、可可西里、楚瑪爾河、五道梁、不凍泉一步一步推進。

鋪架隊實行三班倒，葉東勝幹了一個班時，就有一個白晝和夜晚的輪休。於是，他就手執那臺國產海鷗單反相機，徜徉在納赤臺上的紅柳叢中，躑躅在西大灘的玉珠峰下，鏡頭對着燃燒的紅柳和「勝似閒庭信步」的雪狼。

路軌鋪到了西大灘，玉珠峰連綿的山嶺早已落雪，皚皚白雪鋪蓋着一座座山外寒山，霧靄散盡，驚如天人，酷似一位身着白色裙裾的處子，楚楚玉立在朝雲暮雨、碎霞長風之中，誘惑着一批批從她身邊匆匆而去的過客。

「我要將玉珠峰絕頂最美的風光拍下來，誰願上山，跟我到玉珠峰頂留下中鐵一局的足跡？」2002 年 9 月中旬，葉東勝開始籌劃登頂事宜，歸喜軍、唐小東、王軍強等人報名到了他的旗下，組成五人登山隊，沒有登山鞋，沒有登山服，沒有戶外登山訓練，憑的就是一腔熱血，憑的就是對大自然的酷愛。聽說他們要去攀登玉珠峰，隊裏的小賣部無償提供了五個人的吃喝，鋪架隊全隊四十多個人一一將名字簽到了隊旗上，希望他們將中鐵一局青藏鐵路鋪架項目部的旗子插在玉珠峰頂上。

那天，天麻麻亮，葉東勝扛着隊旗，挎着照相機，便開始進山了。他並非奢望最終登頂，只給自己的四個弟兄提了一個要求，儘量往上爬，能爬多高爬多高。站在西大灘上遠眺，玉珠峰近在眼前，

也就是幾個雪坡相連，屈指可數。可是葉東勝他們一進了山，才發現一個雪坡一公里，山上有山，嶺含藍天，那蒼莽的白雪全都凍成了冰殼，像一個鳥蛋把崑崙山包裹起來了。儘管他們沒有穿專業的登山鞋，衣服也只是中鐵一局自己定做的，但是他們有在寒山缺氧的環境中錘打出來的強健體魄。深入玉珠峰腹地，葉東勝被茫茫的雪國景色傾倒了，一邊走一邊拍照，白色的雪狐在前方輕靈一躍，狐步翩躚，崑崙蒼狼悠然尾隨而來，離他們不遠不近，走得不緊不慢。他趴在雪地上，留下了一個個激動人心的鏡頭。

到了下午3點，離玉珠峰頂還有四百米。太陽西斜，風從山那邊吹來，捲起千堆雪。葉東勝看了看錶，如果堅持衝頂，四百米的距離還需一個多小時，下山就要摸黑了，甚至還可能在玉珠峰上凍一夜，帳篷睡袋這些必備的東西，他們都沒有。

「找個地方，將中鐵一局的旗子插上，證明我們來過玉珠峰。」葉東勝吩咐大家。終於找到了一個橢圓形的冰堆，他們將旗子插了上去，打開背上來的啤酒，慶賀了一番，在隊旗下一一照相，然後開始下山。

斜陽已經掛在了西嶺之上，剛開始下山的路上，他們還能享受着陽光胭紅、亂雲飛渡的晴空，享受一種融入和征服的心情。可是等夕陽躲到山後邊時，他們下山的路成了陰面，被凍成了一片光滑的冰帶，一步三滑，走起來非常艱難，只好小心翼翼地往下走，遠不及上山時那樣快捷。到了晚上9點鐘的時候，天色漸漸地黑了，連手電也沒有帶一個，葉東勝覺得這樣走下去，他們到天明也走不

到駐地，立即叫大伙扔掉手中的東西，坐在冰坡上往下滑。

已是晚上 10 點了，鋪架隊長見葉東勝他們還未下山，着急了，立即派出幾輛車前去尋找，在他們登山的入口，所有的汽車都發動起來，遠燈全部打亮了，照射着他們下山的路。晚上 11 點多鐘，葉東勝一行終於安全返回，食堂專門為他們炒了幾個菜，以示慶賀。

數日之後，葉東勝把在玉珠峰拍的照片寄給了女兒靖琦。女兒被這種美麗的風光誘惑了，給爸爸媽媽打電話時，一個勁地吵着要到崑崙山，到可可西里看看。

2003 年的暑假，葉東勝與妻子商量，既然靖琦這般喜歡青藏高原，喜歡神山上的精靈，就讓她來南山口的鋪架基地度一個暑假，夫妻倆奢侈了一回，讓女兒獨自坐着飛機過來。那時，葉東勝鋪軌已經到了楚瑪爾河，正在穿越可可西里，由於山上太忙，他沒有時間下崑崙來看女兒。恰好有一天，一隻在半空中歌唱的百靈，突然折翅莽原，腳和翅膀受傷了，但是它仍然未停止嚶鳴。葉東勝路過時，偶然發現這隻受傷的小鳥孤獨地在寒風中凄叫，便將它撿了起來，裝進一個報廢的空氣離心器裏，權當鳥籠。他知道女兒愛鳥如命，就託一個下山的人帶下去，交給靖琦，並附有一張紙條：百靈鳥翅膀和腿傷痊癒之日，便是放飛之時。

靖琦獲得了這隻美麗的百靈，愛不釋手，憐憫情懷油然而生。她找衛生所阿姨要來紅藥水和藥膏，精心地為它擦拭療傷，認真地餵養。百靈鳥的傷勢一天天好起來了，每天從早晨就開始在籠中歌唱了，小靖琦算好了日子，等着爸爸下山來的時候，就一起放飛百

靈，讓它與百靈媽媽去團圓。

爸爸從楚瑪爾河下來時，女兒聽說崑崙山有雪豹出入，希望能看到爸爸親自拍到的雪豹的照片。

無獨有偶，就在葉東勝與妻子女兒相聚幾天重返可可西里時，有一個休息日，他到荒原上拍旱獺，不經意與遠處的雪山靠近了。走到一座雪峰的下風口，有一低窪處，離自己不到五十米遠，驚現一隻像藏野驢一樣大的動物，橫臥在山岡上，葉東勝以為是一匹藏野驢，就悄然抵近拍攝。簌簌而行的腳步聲，驚動了那隻野獸，它躍身而起，在驚慌中劃過雪坡，朝着他撲了過來。就在那渾身的光帶躍然凌空時，葉東勝身上的冷汗嚇出來了，這隻動物根本不是藏野驢，而是他從未見過的雪豹，背脊是棕色的，肚皮上有一塊塊白色的斑紋，就是可可西里的雪豹，這可是百年難遇的啊。膽大過人的葉東勝對準鏡頭，想將這隻罕見的闖入自己視野的動物拍下來。

也許他太心急了，當雪豹如獵隼似的凌空一躍，朝着雪坡下的葉東勝衝下來時，蹲着拍攝的他才發現大事不妙，扭頭就跑，一口氣跑了五百米。驀然回首，那隻雪豹在陽光下大搖大擺地往雪坡上轉身入山了。不行，非要抓拍到它不可。葉東勝橫過山坡，想從另一個山頭上居高臨下地堵住雪豹，拍攝它在雪野上漫步的畫面。他朝它徐徐逼近，可還是被它發現了，這時雪豹開始狂嘯，腳下生風，掠起一片白雪，朝着葉東勝風馳電掣般地撲過來，葉東勝明白雪豹這回是與他玩真的，轉身就朝着雪山下跑。他人高馬大，又受過系統的軍事訓練，體力尚佳，一口氣跑了三百多米，朝着鋪軌的地方

跑了過去，一腳踩空，踏到了旱獺的洞裏，一個跟斗摔倒了，手中的照相機也摔得老遠。鋪軌的弟兄們發現了他，喊道：「葉領班，啥事嘛，這麼慌張，臉都白了？」

「雪豹，山上有雪豹！」葉東勝氣喘吁吁地驚呼。

胡國林、王志平等四個輪休的兄弟，聽説有雪豹，忙拿着照相機和望遠鏡跟過來。人多膽壯，心有餘悸的葉東勝也不怕了，他揮了揮手説：「咱們一定要拍到雪豹，好給孩子和家人們看看。」

五個人悄然追了過去，在離它五百米的地方，用望遠鏡一看，那雪豹足有一張牀那麼長，像隻小黃牛一樣高，見人攆了上來，它便往雪山上撤退，與葉東勝他們的距離始終保持在五百米左右。他們從一個山溝尾隨至另一個山溝，但是雪豹就是不讓他們近身，葉東勝只好望豹興歎，遠遠地拍了幾張遠景照，悵然而歸。

回到崑崙山下時，女兒兩個月的暑假就要結束了，他將自己拍攝到的雪豹的照片給靖琦看，女兒高興了好些天。

葉東勝的鋪架隊伍正一步步向唐古拉挺進，他在青藏高原上拍攝了三千多幅照片，他説等青藏鐵路落下帷幕後，他要在咸陽城裏舉辦一次青藏鐵路風光和動物圖片展。

神山靈物父女緣，躍然青藏間。

# 動物天堂的生物鏈

可可西里的落雪停了。太陽西墜，烏金躲入雲罅，一抹餘暉灑在可可西里的莽原之上。中鐵十二局青藏鐵路指揮部七項目部書記鄔澤滿一輩子也忘不了那個日子，2002 年 6 月 2 日的日暮黃昏，他與一群地球精靈偶然相遇。

當時，他乘坐的越野車上了路基，遠處楚瑪爾荒原上暮靄四合，可天穹仍舊透亮，極目之處，莽原與雲天接在一起。駕車的張師傅眼觀八方，突然發現路基以東的地平線上，碎霞中飄動着一片浮雲，或成點點浮光，或為簇簇紅柳，或像天馬橫空，像湖水一樣漫漶着，隱隱約約，朝着路基方向湧動。

「鄔書記，你瞧，那是什麼，像漲潮的湖水漫過來了。」張師傅驚呼着，一腳將剎車踩住了。

鄔澤滿的頭朝擋風玻璃處伸了伸，遠眺荒原，只見那片浮雲，那片潮水，簇擁着，漸次放大，從遙遠的地平線上漫向了路基，讓人看得有點眩目。他邊看邊吩咐道：「張師傅，掉頭，回項目部拿望遠鏡。」

一會兒的工夫，鄔澤滿重新站到了路基之上，調好望遠鏡的焦距，朝着遠方那片浮雲遙望。

天啊，這是藏羚羊！

鄔澤滿看到，成千近萬隻藏羚羊積成黑壓壓的一片，每隻藏羚羊都沒有角，屁股一片白色，像片片白雲在流動，如潮汐一樣湧了過來。領頭的幾隻藏羚羊如尖兵伸向遠方，又掉頭回去，彷徨，徘徊，試探着，來來回回。它們每向路基靠近一點兒，又驚惶地退了回去，熙熙攘攘，反反覆覆，四處張望，猶如一隻隻驚弓之鳥，遇有風吹草動，便逃之夭夭。

「是產崽的藏羚羊，清一色的母羊，有近萬隻之多啊！」鄔澤滿感歎道。

張師傅接過鄔書記手中的望遠鏡一看，驚呼道：「天啊，有這麼多，全都是白屁股，怎麼這麼膽小，來來回回橫着跑，朝前啊！」

張師傅的自言自語提醒了鄔澤滿，他立即給中鐵十二局青藏鐵路指揮部余紹水打電話，説有幾千上萬隻藏羚羊堵在鐵路路基的東邊，焦急地張望，很慌亂，不知怎麼回事。

「我們不是預留了藏羚羊通道嗎？」余紹水詢問道。

「可這些小精靈不敢過呀！」鄔澤滿答道。

「你們守在那裏，我馬上趕過來。」余紹水叮嚀道。

邸建玄總工也給局指黨工委副書記師加明打電話，讓他過來看看。

一會兒，中鐵十二局青藏鐵路指揮部的領導紛紛趕到了楚瑪爾

河的路基之上。身材魁梧的余紹水跳下車來，風風火火地走到路基邊緣，問道：「藏羚羊在哪兒？」

鄔澤滿朝着前方一指：「就在前邊！」

余紹水接過他遞過來的望遠鏡，只見近萬隻母藏羚羊正在彷徨，潮水般地堵在路基一側，躑躅不前。遠眺黃昏下奇特壯觀的景象，一向幹練果斷的他也墜入雲裏霧裏，迷惑不解。他轉身對身邊的七項目部經理李慶光說：「這裏的施工暫時別停，我到索南達傑保護站詢問情況，看究竟是怎麼回事。」

余紹水驅車朝離七項目部不遠的可可西里索南達傑保護站駛去，恰好保護站裏的藏族同胞達吉·戈瑪才旦在值班。已經是老熟人了，余紹水率領的隊伍一到可可西里就拜訪過他們，還捐了數萬元幫他們安裝了衛星電視轉播臺。未經寒暄，余紹水便向他們反映在路基的東邊有大批的藏羚羊，不知怎麼回事。

「喲，是藏羚羊要從這裏通過，到卓乃湖去產崽。」達吉·戈瑪才旦解釋道，「每年這個季節，它們都從東邊青海的扎陵湖而來，往西到卓乃湖旁。這是一條長途遷徙的通道，有幾千里之遠啊。」

余紹水不解，問為何從東到西跑這麼遠去產崽。

達吉·戈瑪才旦解釋道，藏羚羊從扎陵湖到卓乃湖的千里產崽通道，是一個億萬年形成的生物鏈，從喜馬拉雅山造山運動形成時就存在了。藏羚羊的主要棲身地是青海的南部、西藏北部和新疆西部海拔三千至五千米的荒原上，二十世紀初有百萬頭之多，體形優美，身姿敏捷，時速可達八十公里。但自從八十年代歐美貴婦人競

相追逐以藏羚羊絨做成的「沙圖什」披肩後（一條披肩價值幾十萬美元），它們便成了獵殺的對象，如今已銳減到了五萬頭。但是它們仍然執着地從青海南部和藏北的扎陵湖一帶，往可可西里腹地的卓乃湖遷徙，途中恰好是春天交配的季節，一場嬉戲追逐過後，懷胎的藏羚羊腹部漸次隆起，就像懷孕的母親去醫院分娩一樣。卓乃湖是最好的產崽之地，因為卓乃湖的水和周圍的草乃至土壤含有豐富的維生素和鹽分，母藏羚羊吃了草，喝了湖水後，特別下奶，供幼仔吃綽綽有餘。由於奶水過剩，雌藏羚羊渾身難受，就在草地上打滾，奶水四溢，飽脹感消失後，藏羚羊也就舒服了，但是遺落在姜姜芳草裏的奶水和羊膻味，會引來各色各樣的鳥群和別的動物，它們將藏羚羊的奶視為最美的佳餚，鳥糞和動物的糞便又使卓乃湖的青草長得極其茂盛，成了產崽期間藏羚羊的主要食糧。這種由藏羚羊產崽所引起的鳥與其他動物的生物鏈，千萬年間輪迴傳承，互古不變，其中任何一個環節斷裂，物種就會滅絕，人類生存的生態環境也將最終毀滅。

余紹水點了點頭，原來穿越可可西里腹地這條路是它們每年夏天必經之途，青藏鐵路在楚瑪爾河設置動物通道時，考慮更多的是藏野驢、灰狐狸和棕熊，未曾想到楚瑪爾河也是藏羚羊的唯一通道。沉默了片刻，余紹水問達吉‧戈瑪才旦，為何藏羚羊不敢逾越路基。

「這種情況我們也是第一次碰到。」達吉‧戈瑪才旦頗覺茫然。

「跟我們到現場看看，一起想辦法。」余紹水邀請達吉‧戈瑪才旦和他的同事們一起上了七項目的路基。

達吉‧戈瑪才旦接過望遠鏡一看，驚呼道：「盡是白屁股，都是母藏羚羊，瞧，肚子都隆起來了。」

余紹水想會不會是彩旗的問題，立即通知工地所有的人員拔掉路基跟前所有便道上的彩旗。然後發現，藏羚羊朝路基方向靠近了三四百米，又踟躕不前。

「怎麼回事，這藏羚羊到底怎麼回事，為何這樣膽小？」余紹水有些焦慮不安了。

「余指揮長，我有句話不知該説不該説。」達吉‧戈瑪才旦突然走到余紹水身邊。

「請不妨講來，只要能讓藏羚羊順利通過。」余紹水心胸寬闊地説道。

「恕我直言！」達吉‧戈瑪才旦坦陳了自己的憂慮，「可能是你們施工的機械轟鳴聲讓藏羚羊有恐懼感。」

「哦！」余紹水沉默了，達吉‧戈瑪才旦的一句話讓他有點進退兩難，他揮了揮手，説，「先回去吃飯，總能想出一個兩全之策。」

余紹水雖然人回到了中鐵十二局的指揮部，可心仍然牽掛在藏羚羊遷徙的通道之上。停工，這兩個字似有千鈞之重壓在他的心上。停多長時間藏羚羊才能越過路基？青藏鐵路可是以工期為上的，每天的工作都是倒計時，停工影響了工期，他這個指揮長可是要吃不了兜着走的。再説，六七個項目部都橫在楚瑪爾河通道上，一停工，兩個項目部加在一起近兩千人，一天損失就達到一千二百萬，這可是一件棘手的事情啊。

吃過晚飯，天還未黑下來，楚瑪爾荒原上一片寂靜，西邊遙遠的地平線上燃燒的金帳緩緩垂下，黑夜將臨。余紹水又叫上公安處長，駕車上了七項目部的路基，讓司機熄火關了車燈，一個人在路基上看。藏羚羊仍然在離路基不遠處徘徊，就像一個個欲去醫院分娩的母親走投無路，灰蒙蒙的一片在流動，漸漸地被黑暗吞噬。它們會在夜的冷風中佇立多久？此刻，黑夜拉長了一個巨大的問號，在叩問他的心扉，停工，還是不停工？到底要停多少時間？如果他一旦下了停工的命令，兩個項目部的經濟損失最終又讓誰來彌補？但是夜風之中飄來了藏羚羊淒愴的咩叫，這叫聲突然喚醒了一個鐵血男兒的柔情世界。

　　余紹水幾乎是夜裏11點才回到了指揮部，他對辦公室主任說，「馬上通知六、七項目部的經理和書記來局指開會。」

　　辦公室主任一愣，知道余指揮長已經下了停工的最後決心。

　　沒多久，六項目部經理孫永剛、書記王電鎖，七項目部經理李慶光、書記鄔澤滿，先後走進了會議室。局指總工邸建玄、黨工委副書記師加明、一位副總工程師和管環保的處長全部到會。看大家落座後，余紹水馬上拍板，擲地有聲說了一句話：「六、七兩個項目部全部停工！給藏羚羊讓道！」

　　望着指揮長，所有的人都怔住了。

　　「這個決心下得很痛苦，很悲壯！」余紹水說，「我站在路基上看了半天，看到藏羚羊跑過去、返回來，就是不敢逾越路基的痛苦樣子，實在不忍心。這可是天堂裏的精靈啊，就像一個個孕婦要

到醫院去生孩子，卻被紅燈擋了，這是對生命的褻瀆，太殘酷了。達吉·戈瑪才旦說得好啊，這不單單是一個藏羚羊產崽的通道問題，而是動物與自然、自然與人類的一個千萬年的生物鏈。大家想想，如果藏羚羊的產崽之道阻塞了，物種滅絕了，總有一天，人類也會萬劫不復，天上黃河，流過我們家門口的長江之水，都會乾涸。因此，無論多大的經濟損失，我們十二局人擔着。我宣佈，從6月3日零時起，六項目部、七項目部工地上所有機械、人員全部撤下來，給藏羚羊讓出通道。」

李慶光問了一句：「正在打橋墩孔的『貝爾』旋挖鑽也撤嗎？」

「不但旋挖鑽撤，」余紹水斬釘截鐵地說，「包括推土機、壓路機、裝載機、大型自卸機，統統撤下來，連彩旗也全部拔掉！」

6月3日凌晨4時，六、七項目部工地上的所有機械全都撤下來了，楚瑪爾河二十公里的地段內恢復了屬於可可西里的亙古死寂，靜得只有寒風的呼哨，掠過千古如斯的莽原。

這天，楚瑪爾荒原上下了一場大雪，白茫茫的一片，伸向遙遠的天邊。師加明按余紹水的要求，帶着各個項目部的書記，組成了保護藏羚羊巡邏隊，戴着紅袖標在藏羚羊通過的地方巡邏。師加明與兩個人悄然潛伏在路基旁邊的寒雪中，荒原上飛舞的狂雪將他掩埋了，與白雪連為一體。早晨5點多鐘，天蒙蒙亮了，也許是驟然消失的機器轟鳴讓藏羚羊找回了慣有的寂靜，也許是紛揚的飄雪掩埋了路基，曙色將至，只見一隻領頭的藏羚羊輕靈地爬上了路基，像一個偵察兵似的四處張望，覺得沒有什麼危險了，又悠然地走下

去，與藏羚羊的王后竊竊私語。一會兒，幾隻遊動的前哨上來了，戰戰兢兢、畏畏縮縮試探着爬過路基，向路西方向輕車熟路地走了下去，一撥又一撥的藏羚羊爬上了路基，眺望着穿越路基的前衛哨是否跌落陷阱，隨後又反身趕了回去。

師加明將拳頭擂在雪地上，差點喊出了聲來：「快過啊，藏羚羊！」

埋伏在一旁的一個警官說：「師書記，我從後邊去趕。」說着便躍身要起。

「兄弟，使不得，你一趕，就前功盡棄了！」師加明一把拽住了他的手。

三五成群，幾隻體壯膽大的藏羚羊又爬上來了，一隻牽頭，站在路基上轉悠了一會兒，然後迅速地躍下路基，朝着廣袤的可可西里躥了過去。

「一隻，兩隻，三隻，四隻，五隻……一群，兩群……」那個警官分外激動，大聲說，「師書記，過去了，過去了！」

「噓！」師加明提醒他小聲點。

中鐵十二局整整停了七天工。數萬隻藏羚羊分成一個個酋長部落，在天麻麻亮的拂曉，在暮靄如潮的黃昏，悄然越過路基，向着可可西里腹地的卓乃湖躍進。

在這一週時間裏，十二局職工摸清了藏羚羊過路基的時間，每當早晨 6 點至 10 點，晚上 7 點至 10 點，他們就將橫穿楚瑪爾河的青藏公路上的車輛都擋住，所有上青藏的人都給藏羚羊讓道。

到卓乃湖產崽的藏羚羊過去了，余紹水馬上下崑崙山到總指揮部向盧春房總指揮建議，將楚瑪爾河藏羚羊越過路基的斜坡，改成階梯樣的，緩緩而上，不要像原先修得這麼陡。

「好，紹水，這個建議好！」盧春房點頭應諾，「馬上讓鐵一院修改設計。」

一個多月後，楚瑪爾河路基上的斜坡紛紛變緩了。

翌年的 6 月 2 日，中鐵十二局在楚瑪爾河的主體工程已落下了帷幕，只有零星的線下工程，但是余紹水仍然命令停工一週，給藏羚羊讓道。

藏羚羊還會不會像去年那樣在路基前猶豫不前？青藏鐵路總指指揮長盧春房專門從格爾木上山來，站在楚瑪爾河畔，極目遠望，只見這群天堂的精靈輕靈躍過路基，向着卓乃湖而去，再沒有了膽怯，再沒有了彷徨。

盧春房笑了！

終章

# 古城、高城、淨城、聖城

青藏鐵路創造的人與自然的和諧共處

也許今生注定要被蒼茫青藏擄魂而去。

2006 年 7 月 1 日，當我的老首長陰法唐一家坐着火車，從北京零公里始，向拉薩駛去的時候，我正坐在中央電視臺四頻道播出大廳，作為嘉賓，與魯健和一位藏族博士一起，參與青藏鐵路開通時向全世界的直播。

美國旅行家保羅·泰魯曾經斷言，有崑崙山脈在，鐵路就永遠到不了拉薩。可是，此時，我在央視直播室裏看着進藏列車由胡錦濤總書記剪綵後，拉響汽笛，從格爾木城緩緩駛出，向着崑崙雪山，向着可可西里疾馳。保羅·泰魯的斷言破滅了，中國的列車駛過了崑崙山，世界工程師們驚呼，這是人類工程史上的一個巨大工程，令西方許多大國望塵莫及。

我說這段話時，恰好是在央視直播的第一時段，在長達三個半小時裏，我開始講青藏鐵路採訪的故事，講那些平凡的築路人的平凡夢想，唯有這些小人物的故事，才是真正意義上的中國故事。

崑崙在望，幾回夢裏回崑崙。記得當年我欲入青藏高原沿途徵求寫作意見，夫人和女兒與我同行。上青藏路時，中鐵十七局常務副指揮長徐東安排我們一家乘坐越野車入拉薩城。那天清晨 5 點半，一如我第一次隨陰法唐老人上青藏高原一樣，我們也是在這樣的明月曉風中，也是從格爾木青藏鐵路零公里路碑處始，一路向西、向西，過清水河大橋，入紅柳灘，往玉珠峰駛去。其時，一場秋雪落了好幾尺厚，玉珠峰白雪覆蓋，宛如一個藏家新娘渾身掛滿哈達，正在迎接我們。清晨的陽光灑在雪地上，映襯着天邊之藍。在玉珠

峰前拍了照片之後，我們繼續往上，佇立於海拔四千七百六十七多
米的崑崙山埡口界碑處，留下了一張全家照後，便馳騁可可西里了。
越過楚瑪爾河，向五道梁一路長驅。跨越風火山，中午至沱沱河，
流連於長江源紀念碑和長江源頭第一橋上。沱沱河水奔流依舊，今
日不見故人風雪歸，卻有徐郎一家獨行，唯見長江源頭公路橋與鐵
路橋遠遠對峙，輝映成為一個時代的剪影，不由得感慨萬千。隨後，
我們一家繼續上路，過開心嶺，入雁翅灘。晌午時分，抵達駐在唐
古拉山兵站部裏的中鐵十七局指揮部，登上二樓時，海拔驟然飆升
至五千一百米出頭，夫人與女兒竟無高原反應，而且大快朵頤，令
我極為振奮。隨後，我們告別唐古拉山兵站部，翻越唐嶺，向着萬
里羌塘草原疾駛。傍晚時分抵達當雄縣城時，我問夫人要不要去納
木錯一觀。司機是一位鐵道老兵，長我兩歲，見念青唐古拉那根拉
山口烏雲密佈，勸道：「徐主任，那根拉山口正在下雪呢，可能看
不見納木錯。」我問夫人還去不去，夫人道：「為何不去，我們早
晨五點半便行，如此虔誠，上天會眷顧我們的。」

　　去！我揮了揮手道。

　　上山之後，果然如司機所說，念青唐古拉天穹如蓋，黑幽幽的，
大燈打開才能照見路面，卻也只犁出十米遠，且一路狂雪飛舞。此
時，我才心生恐懼，如果車滑山溝裏，那我們就會被凍死。所幸，
鐵道老兵駕車技術甚好，沿着雪路緩緩而行，開出二十公里，一個
藏族村子浮現於地平線上。此時，突然雲罅裂開，豔陽斜照下來，
前方天際深藍。我說真是好運氣。我家夫人乃南方人，哈哈大笑說：

「徐劍，你跟我來，那是好運啊。娶我，真是磕頭碰着天了。」

呵呵！我仰天大笑，連連稱是。

這就是我家人的青藏之緣。

其實，在頭天晚上央視國際頻道九點半的熱點欄目《今日關注》中，我與魯健、藏族博士，以及中鐵二十局青藏鐵路項目部總工任少俠一起做過直播，算是一場預熱。當時，我穿了一件米色 T 恤出鏡，經常搶話題，侃侃而談，一點也不怯場，編輯甚為滿意。遠在昆明的老娘從電視中看到了，甚喜。回到家裏，夫人卻説我在電視屏上太搶話題了，不知道低調。此見，我記住了。且第二天上午是全球直播，因了是一件國之大事，隆重、莊嚴，節目要求所有嘉賓穿正裝。我因多年不穿西裝，扔在衣櫃裏的西裝被蟲噬了兩個洞，且在肩膀處，夫人與女兒堅決不讓穿。到了央視，魯健只好將同事的西裝給我穿上，並繫上領帶。那天上午，我謹記夫人頭晚的提醒，沒太搶話題，魯健問什麼，就答什麼，並不率先挑起話頭。第一時段下來，編輯頗不滿意，説今天上午不如昨晚表現好，太循規蹈矩了，要主動搶話説，你太懂西藏了，那麼多的故事，此時不説更待何時。我打趣道，今天打了領帶，勒住了脖子，讓我難以發揮，除非晚上這一場直播讓我穿 T 恤，人就自由放鬆了。編輯居然答應了。那天晚上，我的正裝裏穿了一件 T 恤，坐在央視國際頻道的直播室裏，談築路人的故事，談西藏的風情、宗教地輿，談聖湖納木錯。直到凌晨一點多鐘，首列火車徐徐駛進拉薩城。

拉薩是一座古城，已經有一千三百多年的歷史，如此文化遺存，

宗教建築保存如此完好，風情千年依舊，可謂世界獨此一座；它又是一座高城，海拔在三千七百米左右，佇立於世界屋脊之上，雄睨寰球，也是獨此一座；它還是一座淨城，金廟之上，高天如洗，呈宗教藍，長號嗚嗚，梵音嘹嘹，祥雲嫋嫋浮現於天際，猶如一隻隻仙鶴銜哈達而來，格桑花在一片純淨的空氣中綻放，庶無污染；它更是一座聖城，佛教自西天梵國傳至雪域，不染他説，獨成一脈，與內地大乘、小乘佛教的教規迥然有別，形成獨特的藏傳佛教，且歷史從未間斷，並與梵蒂岡、麥加一起形成了世界三大宗教聖城。

那天凌晨，我看着火車徐徐駛進拉薩城，古城、高城、淨城、聖城在我的視野中漸行漸近，於我，於我的家庭，都是一種無法了結的西藏緣定。

青藏鐵路通車之後，深圳電視臺為紀念改革開放三十年，一年選一個事件，共拍三十集，專門邀我坐着火車進拉薩，在車上講青藏鐵路建設的故事。我於 2007 年 12 月 31 日再次從西寧上車，一路西行。車過唐古拉時，我在列車上講起了青藏鐵路建設者的故事，製作團隊專門拍成了一集紀錄片《2006 年，有個車站叫唐古拉》。這是我繼青藏鐵路開通之後，又一次進藏。

2011 年，國家電網公司在青藏高原架設了一條 ±400 千伏的直流輸電線路，他們找到了我，説你既然寫了地上的吉祥天路，再寫一部天上的雪域天路吧，邀我再度入藏，續寫青藏路上國家電網人雪域飛虹的故事。那次採訪落幕時，我提出來要去憧憬已久的西藏宗教地位最高的聖湖拉姆拉錯一觀，這是尋找達賴靈童的觀相聖

湖，凡人要去三回，才能看到自己的前世、今生和來世。

2013 年，時任拉薩市委書記齊扎拉主持拉薩八廓古城改造。工程竣工之時，他找到西藏文聯主席扎西達娃，想請一位報告文學作家來寫八廓古城改造，扎西達娃第一個想到的便是我，於是我又一次入拉薩聖城。採訪結束時，我提出了一個不情之請，希望到雍則綠錯一覽聖湖之跡。經過八個小時的跋涉，終於登上了雪山和聖湖之巔，看到連連神跡。

反映八廓古城改造的長篇報告文學《壇城》殺青之後，去年 10 月，齊扎拉書記又請我去補充採訪，十天採訪結束後，我在電網專家的陪同下，偕夫人和女兒去一直想去的麥克馬洪線東段察隅考察，歸來時，一起去了拉姆拉錯，這是我第二次觀聖湖。當我與女兒登上聖湖的看臺時，仰望天穹，一隻神鳥從天空中悠然掠過，這是我一生中看到的最漂亮的神物——吉祥之鳥，傾盡天下之辭，我無法比喻和形容它的美。回到北京之後，我翻遍西藏鳥譜，居然找不到這隻神鳥的圖譜，後來，我將此事講給魯迅文學院同學、青海作協主席梅卓女士時，她說，你不要再找了，這是一位神人轉世而來的……

神跡連連，仙鳥驚為天人。這已是我第十八趟入藏了，越去越順，越順越去，從此就遇吉祥滿天。路如斯，城如斯，湖如斯，人亦如斯。

魂牽芃野，我的生命之魂隨着時光之弧而翩躚。

我回想起在青藏鐵路採訪的日子。

許多個這樣平常的日子，我鼻孔裏插着氧氣管，靜靜地聽着普通築路女工們潸然淚下的傾訴，情至深處，我也不禁哽咽飲泣，她們是母親、女兒、姐妹，善良、柔弱、博愛。自從英雄、奇跡、激情這些字眼在我們的生活中被解構，漸漸從主流語境裏抹去以後，我以為自己已變得麻木，堅硬如冰，不會再被感情的湍流所裹挾，不會再有感動。可是一上到青藏鐵路，靜如止水的情感世界，突然如大風起兮般地湧入一幕幕奇異風景和一曲曲天地浩歌，捲走礫石，拂去風塵，重現感情之潭的純清和波瀾。

　　許多個這樣寧靜的夜晚，我也曾與築路男兒坐於一個簡陋的酒肆，三杯兩盞淡酒下肚，凝視着與我同齡甚至歲數更小的他們，話語觸摸情感痛處。堅硬鎧甲掩飾下的男人們個個俠骨柔腸，突兀展現他們脆弱的一面，愴然落淚，我也一露無遺，不經意地拭去淚痕，極力地想挽住身為男兒的最後一點面子，但是撐着的男人面子最終被情感轟鳴的大潮擊成碎片。

　　西藏，我在尋找什麼？雪域，究竟給了我什麼？十八趟西藏之旅，我尋找到了什麼？

　　2006 年青藏鐵路通車時，中國西藏信息中心的《西藏之子》為我做網頁時，選了我說過的這樣一段話：

　　「西藏最打動我的就是它的高度，一種生命極限的高度，一個民族精神的高度，還有一種文學高度，在那塊土地上，可以尋找回我們已經丟失很久的一種精神、一種境界、一種價值、一種信仰、一種執着、一種虔誠、一種真誠。所以說，尋找一個民族的精神海

拔，青藏高原也許是最後的高地。」

十八趟西藏之旅，我究竟在尋找什麼，找到了什麼，其實就是八個字：敬天畏地，悲天憫人。

一條穿越莽蒼的青藏鐵軌，搭成通向佛國、天國的天梯，從上仰望，吉祥天路，猶如掛在唐古拉和莽崑崙之上的哈達，將西藏與內地、人間與天堂連接在了一起，成為我前世今生的前塵約定。

2017 年 6 月 22 日完稿於青島海軍第一療養院二科 808 室
2017 年 7 月 13 日再次改定於永定河孔雀城棠野園劍雨齋

□ 責任編輯：陳思思
□ 裝幀設計：高　林
□ 排　版：黎品先
□ 印　務：林佳年

# 吉祥天路
## 青藏鐵路修築奇跡

□
**叢書主編**
李炳銀

□
**著者**
徐劍

□
**出版**
**開明書店**
香港北角英皇道 499 號北角工業大廈一樓 B
電話：（852）2137 2338　傳真：（852）2713 8202
電子郵件：info@chunghwabook.com.hk
網址：http://www.chunghwabook.com.hk

□
**發行**
**香港聯合書刊物流有限公司**
香港新界大埔汀麗路 36 號
中華商務印刷大廈 3 字樓
電話：（852）2150 2100　傳真：（852）2407 3062
電子郵件：info@suplogistics.com.hk

□
**印刷**
**美雅印刷製本有限公司**
香港觀塘榮業街 6 號 海濱工業大廈 4 樓 A 室

□
**版次**
2019 年 5 月第 1 版第 1 次印刷
© 2019 開明書店

□
**規格**
16 開（210 mm×153 mm）

ISBN：978-962-459-154-5

本書繁體字版由河南文藝出版社授權出版